政治與資訊的交鋒

A Debate between Information Technology and Politics

姜新立 、張錦隆 主編

編者序

資訊革命的推波助瀾下，電子／網路經濟所占的比重不僅趕上，而且超越了工業／製造經濟，兩者之間的差距逐漸增大，尚未有趨緩或反轉的情形發生。資訊的爆炸性成長，固然提供了豐富性和便捷性，但也更易於讓人既亢奮又焦慮，一下子如獲至寶，一下子又迷失徬徨。智者早已指出資訊既非等同知識，更遑論比擬智慧。資訊科技突飛猛進所帶來的衝擊和影響，是無所不在、無遠弗屆的。政治研究無法自外或無視於資訊科技的快速發展，例如電子化政府已成為政府組織改造創新的最重要課題，又如網路民主引發公民社會議題的激烈辯論；因此，政治與資訊科技的跨領域交流與對話，無論就理論或實踐而言，皆具實質而深遠的意義。

自佛光大學創校以來，政治學系每年舉辦的「政治與資訊科技研討會」，迄今已有九屆，廣獲海內外學者專家支持。第一至五屆研討會論文，經過編審，分別集結成《政治與資訊科技》與《政治與資訊的對話》兩本論文集，由台北揚智文化出版。本次再與該出版社合作，整理第六至八屆研討會論文，彙編付梓。在本書篇章安排方面，收錄「資訊科技與政治學研究」，「資訊科技在國際關係議題之應用」，「他山之石：日本電子化政府之經驗」和「電子化政府與民主治理」等四大篇，每一主題下各包含二篇論文，總計為八篇文章。每篇文章都是政治與資訊科技兩個領域精彩交鋒下的結晶，非常值得深入閱讀。

本書得以順利出版，首先感謝多位匿名評審委員不辭勞苦，細心審閱評分。本書的完成，過去參與歷屆研討會的學者專家、研究生和大學部同學，有積沙成塔的功勞，在此致上誠摯的謝意。藉此也要感謝對於最近幾屆研討會的贊助單位，包括佛光大學、國家科學委員會社會科學研究中心、教育部、外交部、中華發展基金會、國際製造工程學會——中華民國分會等，協助解決「無米之炊」的窘境。校內行政部門和其他系所的全力支持，對於研討會各項任務的開展與執行，是一股不可或缺的關鍵力量，在此一併致謝。最後，特別需要感謝的是政治系助理鄭嘉琦小姐，她在行政方面的卓越能力和豐富經驗，使得「政治與資訊科技」研討會的持續舉辦和相關論文的集結出版，都能順利完成。

姜新立、張錦隆 謹誌

2009年7月15日於宜蘭礁溪

目 錄

第一篇

資訊科技與政治學研究

第一章 政治迷思的建構

——以台灣「總統直選」的憲政選擇為例

廖達琪 中山大學政治學研究所教授
林福仁 清華大學科技管理研究所教授
張慧芝 中山大學政治學研究所博士生
李承訓 中山大學政治學研究所博士生
胡家瑜 清華大學科技管理研究所碩士生

摘 要

本研究試圖確認在一個新興民主國家中一旦發生憲政變遷的制度機會時，什麼樣的憲政規則會受到青睞。由於民主政治和憲法之治在現代都被視為最優位的價值，因此本文採取了一種迷思途徑。這種途徑包含了三種理論思路來檢視舊有的憲政迷思過渡至新迷思之轉變過程，此即：政治菁英的利益計算，一般民眾對何謂民主政治的理解，以及既定迷思與民主政治的親合性。

本研究案例是台灣在1990年至1994年間有關總統選舉方式應採直接選舉抑或間接選舉之憲政選擇。藉由應用迷思途徑的三種理論思路，本文首先揭示出政治領袖如何根據權力極大化和權力損失最小化之邏輯，選擇他們在該議題上的立場。但是他們的利益計算並不是在社會真空中做出來的，尤其是在新興民主國家中，鮮少有正式的前例或經驗，能夠被援引來作為某一種制度之民主性質的合理化來源。因此，一般人民對於民主政治的理解程度，此刻可能在界定特定憲政規則是否為民主的這方面，扮演了一個決定性的角色。因此，我們把當時民眾對於兩種總統選制的反應列入考慮。

以當時的民調結果來看，公民直選制確實比委任直選制更容易被了解，也因此受到更多的支持。這種社會氛圍，對於當時的政治菁英在總統選制議題上的意見分歧之最後確立，具有相當的影響力，同時也有助於公民直選制的最後勝出。本文最後也討論了兩種選項與民主政治的親合性，根據所有的民主理論，總統直選制是比委選制更符合民主政治。

壹、前 言

政治迷思從未消失於人類歷史中。或者應該說，人類的生活不能夠沒有迷思；迷思能夠幫助人們賦予外在生活世界意義，並且合理化它們深植於其中的現存政治體系。以我們當前的這個時代來說，「民主政治」可能是諸多迷思中最普遍且最凜然不可侵者[1]。對許多現代國家而言，民主政治的價值優越性是不容置疑的，然而，民主政治的實質意涵以及所謂民主的政府形式，卻可能存在著多種變異型態。但可確定的是，民主政治不能夠沒有憲法。惟一部憲法該如何制定才能夠真正地體現民主政治，這個問題迄今為止，仍然陷於永無止境的論辯中。

對民主耆宿國家來說，其悠遠的民主生活經驗或者說歷史傳統，對於合理化它們的憲法內容扮演著一個相當重要的角色，即使它們的憲法中所包含的若干元素可能並不符合所謂的「民主」。以國家元首的產生方式為例，一向被奉為民主國家典型之英國和美國，均非採直接選舉的途徑選出它們的國家領袖。英王傳統上是英國的國家元首，而美國的總統則是由選舉人團選舉產生，普選的結果對於大選的終局並沒有直接的影響。這兩個民主耆宿國家，長久以來一直對它們的國家元首產生方式保留著這兩種迷思途徑，而且在可預見的將來，任何意圖對這種國家元首產生方式進行正式修改的嘗試，其成功機率都相當微渺。

然而，新進民主國家的憲法通常欠缺這類基礎，可用來捍衛其合法性。在某些新進民主國家，倘使修憲程序不是太過於剛性的話[2]，對若干憲

1 此外如「國家」（Ernst Cassirer, *The Myth of the State*. (New Haven: Yale University Press., 1974）和「主權」（Hans Blumenberg, *Work on Myth* (Mass: MIT Press, 1985), Robert M. Wallace (trans.)）也被視為當代的迷思。

2 事實上，在許多新興民主國家中的確經常進行修憲。例如巴西有過七次修憲（最近的一次在1988年）；智利七次（1989）；厄瓜多爾十五次（1979）；墨西哥六次（1999）。請參見Robert L. Maddex, *Constitutions of*

法條文進行修改，常常是一種無法抗拒的誘惑[3]。然則，一個新興的民主國家如何且為何要一再地改易其憲政規則呢？

本文將嘗試從迷思的途徑來探討此一問題。換言之，由於民主政治和憲政法治在我們當前這個時代裡，普遍被視為一種優越的價值和信念，且其基本上不脫為一種迷思[4]，因此本文將視憲法的變遷，乃是在許多不同的憲法迷思之間所進行的選擇。然則，一個憲法迷思如何興起而凌駕於先前的迷思？這將是本研究的焦點。再者，迷思途徑至少提供了我們三種理論上的思路來分析一個迷思（一般而言）或政治迷思（個別而言）的興起和消逝[5]。第一種理論思路是去檢視在一個特定環境中的政治菁英之利益；其次則是探查同一環境系絡下之大眾的需求；其三則是去審視新的迷思內容是否比舊迷思更能夠反映支配性的社會價值。

本文將以些許不同的途徑採用這三種理論思路。第一，政治菁英的

---

the World（Washington. D.C.: Congressional Quarterly Inc., 1995）在第三波民主國家中，修憲也是相當普遍的現象，請參見US CIA World Factbook：http://www. cia.gov/cia/publications/factbook/.

3 根據正統的制度途徑，修憲程序被視為理解何以一部憲法經常被修訂之關鍵因素。但本文所關注的焦點在於後進民主國家，本文認為這些國家的憲政規則並不鞏固，因此修憲程序應是一個依變項而不是自變項，不過，每一部憲法的修憲程序之剛性程度，在某種程度上仍影響著其修憲頻率（見廖達琪、簡赫琳、張慧芝，〈台灣剛性憲法的迷思：源起、賡續暨其對憲改的影響〉，《人文及社會科學集刊》）。本文並不打算闡述制度的影響，而是專注於菁英的角色和情境因素。

4 本文主要將迷思視為「一種宗教、玄思和道德律，而不是原始科學的一種形式」。請參見Bronislaw Malinowski, “Social Anthropology,” *Encyclopaedia Britannica*, Fourteenth Edition, New York, Vol. 20 (1929), p. 868.

5 Henry Tudor, *Political Myth* (London: Pall Mall Press, 1972), pp.1-30; Ben Halpern, ‘“Myth” and “Ideology” in Modern Usage,’ *History and Theory*, Vol. 1, No. 2 (1961), pp. 129-49; John Day, “The Creation of Political Myths: African Nationalism in Southern Rhodesia,” *Journal of Southern African Studies*, Vol. 2, No. 1 (Oct. 1975), pp. 52-65; Benjamin Ginsberg, *The American Lie: Government by the People and Other Political Fables* (Boulder, CO: Paradigm Publishers, 2007), pp. 1-38; Stephen F. Knott, *Alexander Hamilton and the Persistence of Myth* (Kansas: University of Kansas Press, 2002), pp.9-46.

利益計算，無疑是相當重要而必須予以考慮者；在理性選擇途徑中，一向視政治菁英的利益計算，為特定憲政選擇的主要原因。然而，迷思途徑主張，政治菁英的利益計算，也受到大眾的需求和支配性社會價值的約制。[6]儘管政治菁英地位往往給了他們一種特權，使他們能夠憑以詮釋某一特定迷思如何比其他迷思更足以反映支配性的社會價值，以及迎合大眾的需求，但是他們所做的這種詮釋，並不能夠遠超一般大眾可理解的程度。

此外，在一個新興民主化社會中，不同的政治菁英對於特定事件或某一憲法理念，經常會提出相互競爭的詮釋。對於某一憲法理念而言，哪一方的詮釋能夠更說服大眾，將擁有較大的機會使他們所支持的憲法迷思勝出。換言之，對於特定事件或憲法理念之大眾理解程度，才是參與競逐之菁英團體所做詮釋的關鍵所在。第二個理論上的思路，則是更進一步地具體化為大眾對於民主政治的理解程度。在新進民主化社會中，一般大眾普遍存在著對於民主政治的心理需求，要接受應該是沒有懷疑，但是他們如何去理解民主政治究竟是怎麼一回事，卻是頗為可疑。

第三種理論上的思路，則是有關迷思的內容和支配性社會價值之間的親合性，就此而言，「民主政治」無疑在現今占據著支配社會價值之地位，職是之故，此乃牽涉到一個憲法迷思的內容和民主政治之間的親合性。因此，本文將試著客觀地討論不同憲法迷思與民主政治之相對親合性。

本文將以台灣1994年有關總統選制之修憲做為研究案例。根據《中華民國憲法》（以下簡稱《憲法》）之規定，台灣的總統是由國民大會選舉而出，換言之，1947年所制定的最初《憲法》版本對於總統選舉方式的規範並不是採人民直選制，而是採間接選舉制[7]。1994年的修憲則是將此

6 「歷史制度論」強調歷史路徑對菁英利益算計的限制。但所謂的「歷史路徑」所包含者究竟為何，始終相當模糊，而且常常是一種同義語反覆，因此本文不採用這個概念，而是採用源生自迷思途徑之理念。

7 Liao Da-Chi, *The Influence of Culture on Information Gathering in Organization:*

一憲法條文改為由人民直接選舉。然而，倘使沒有政治菁英之間的競爭與對峙，此一憲政變遷或許不會發生。關於國家元首應如何產生的議題，從1990年至1994年間，在台灣一直是個廣受爭辯的議題[8]。

因此本文首將試著揭示出利益分歧之政治菁英，如何提出兩種關於國家領導人產生方式之選項，來處理此一議題。接著，本文將進一步地探究一般大眾如何回應關於此一議題之兩種不同的憲政設計；以及大眾對於民主政治的理解程度，是如何地扮演了一個關鍵決定性角色，致使「總統直選」的選項勝出，而排除了非直選制。本文最後將討論每一個選項與民主政治——同時就古典民主理論和當前的民主理論而言——的親合性。

由於本研究在性質上是屬於回顧性研究，因此本文在研究方法上，將採用資訊技術之「事件回顧機制」，進行資料探勘暨文獻分析。所有相關的文獻，包括國民大會的修憲紀錄、國是會議紀錄[9]、新聞報導、政治人物的自述和研究文獻，皆取自中華民國憲政資料庫[10]。

貳、研究方法：事件回顧之資訊技術

一、事件回顧技術之動機

文獻分析為政治學上常用之研究方式。由於網路的快速發展，電子化資料文獻已相當容易取得，而新聞具有的明確時間特性，相當適合用於這樣的研究，因此本研究以聯合知識庫此一具有早期新聞電子檔之媒體，為

An Authoritarian Paradigm. (Ann Arbor: UMI. Press, 1990)；廖達琪等，〈台灣剛性憲法的迷思：源起、賡續暨其對憲改的影響〉。

8 在這段時間內（1990-1994）這個議題在《聯合報》被討論了561次，遠多於同一時期由資料探勘所得出之憲政議題。

9 即1990年6月29日至7月5日所舉辦之國是會議。

10 此一資料庫建置是由國科會所資助之為期三年的計畫（NSC 96-2410-H-110-009）。資料庫網址為：http://140.117.21.53/pdmcr/。

主要資料來源。

雖研究者亦能相當容易取得此類資料，但對於龐大的資料量，必須耗時來找尋出主要發展脈絡，尤其對於沒有經歷過事件之研究者來說，更是需要大量時間，雖然研究者可能對於事件整體脈絡有所記憶，然而對於事件細節並無法有完整的記憶，透過事件回顧機制，可以使這類研究者快速再次整理整體脈絡架構，用以找尋所欲聚焦者再深化研究。而對於一個完全對事件沒有概念之研究者或者使用者，則能夠藉由主體脈絡的引導了解事件始末，而有一個鮮明且明確的印象與研究方向。

而使用系統有意義的摘要目的，在於提供研究者對於事件或議題能夠有初步的知識與方向，如僅以關鍵字做為索引，很容易對於內容產生誤解，如「民選」於1990年代可以指涉省長民選、直轄市市長民選，「直選」此一詞彙亦有同樣的問題；雖可以利用詞彙正規化來進行詞彙統一的動作，然亦由於詞彙本身所意涵者眾，若並非如本研究聚焦於直選與委選上，而是整個憲政改革脈絡發展，那麼「直選」與「民選」即無法做詞彙正規化的動作；因此利用摘要，摘取重要報導段落，使研究者有初步的知識來判斷事件的主要主軸發展為何，有其必要性。

二、元素定義

事件回顧系統是一個階層式架構。組成元素依大到小分別為新聞議題（News Topic）、新聞事件（News Event）和新聞報導（Story）。以下分別定義之：

- **新聞議題**（News Topic）：具有特定主題，且由一連串相關事件及活動所組成。例如總統大選即是一個新聞議題。
- **新聞事件**（News Event）：包含於新聞議題之下可有許多新聞事件，是一個議題在特定時間或地點時的切點，表示切點時所發生的重要事情。新聞事件由一群相關的新聞報導（Story）所組成。以總統大選的新聞議題為例，綠卡疑雲及抓耙子分別為相關的事件。

- **新聞報導**（Story）：為事件回顧系統中最小的組成元素，即是一篇篇的新聞原文。

新聞議題、新聞事件和新聞報導的組成架構圖如**圖1-1**所示。

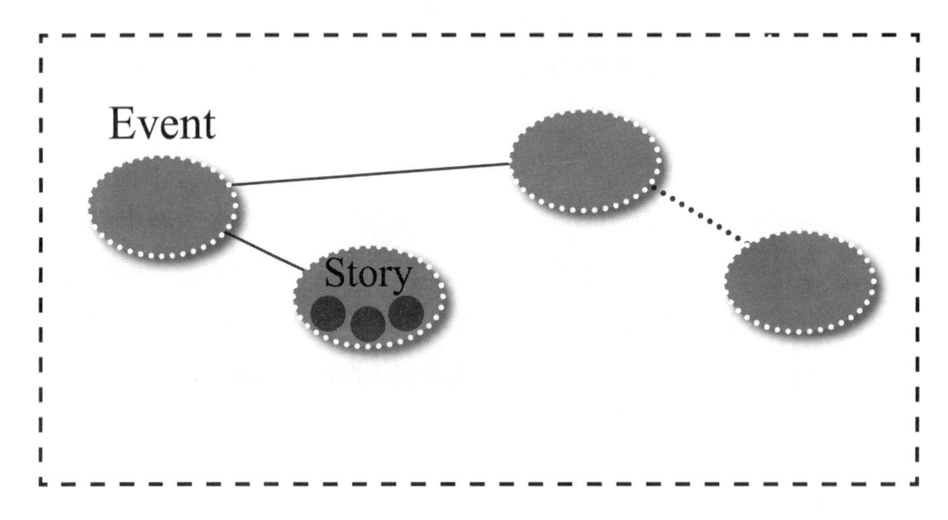

圖1-1 事件回顧系統之組成元件

三、事件回顧系統

事件回顧系統之流程可分為兩大部分，分別為前置處理及事件回顧機制。前者的任務為蒐集資料，擷取重要屬性並將其轉換成後續可處理之統一格式；後者則利用資訊檢索（Information Retrieval）技術先將資料依相關性分成數群事件，再找出事件之間重要的關聯以建立主脈絡，最後摘錄重要的新聞原句組成一篇對事件的關鍵報導。其完整之流程如**表1-1**所示。

表1-1 事件回顧系統之主要流程

步驟	描述
階段一：前置處理（Preprocess）	
蒐集資料（Corpus collection）	透過系統蒐集特定議題之相關新聞報導。
斷詞切字（Word segmentation）	利用領域詞典（UWTOOL）工具，將中文字切割出有意義的詞彙。
特徵值過濾（Feature filter）	經由詞性選擇及tf*idf權重計算，濾掉未代表性的詞彙。
詞彙正規化（Normalization）	整合相同意義的詞彙，以統一之詞彙表示。
向量值輸出（Vector space export）	將詞彙依tf及所在段落的權重，轉換為向量形式。
階段二：事件回顧機制（Event retrospection mechanism）	
事件界定（Event identification）	界定新聞議題中，存在哪些不同的事件。
議題主軸建立（Main story-line construction）	根據議題發展建立主脈絡及事件間之關聯。
摘要式註解（Summarization）	擷取事件中重要語句，以摘要說明此事件的主要內容。

階段一：前置處理（Preprocess）

在前置處理階段可分成五個步驟。

- **蒐集資料**（Corpus collection），主要是透過系統抓取特定議題之相關新聞，經由過濾後留下研究上所需要者，本研究主要將憲政改革資料做過濾，留下與「總統直選」與「委任直選」相關者。以TXT文字檔儲存新聞內容，並擷取新聞標題、報導時間及記者等資訊，存放於資料庫中。
- **斷詞切字**（Word segmentation），利用領域詞典（UWTOOL）中文斷字工具，將文章中的字句切割出具有意義的詞彙並標註詞性，並使用轉檔功能將TXT文字檔轉換為XML檔案。

- **特徵值過濾**（Feature Filter），本研究僅採用名詞此一詞性作為實驗對象，故透過詞彙詞性之選擇及 tf*idf 權重計算後，將不具代表性之詞彙過濾，僅留下重要之名詞詞彙。
- 詞彙正規化（Normalization），利用事先建立之Ontology架構，對詞彙進行正規化動作，如登輝與李總統即等同於李登輝總統；本研究所探討之主題部分同意詞彙具有多重意義，因此正規化此研究階段並沒有實際採用，而商討可能改進方案，作為發展改進之目的。
- **向量值輸出**（Vector space export），則是將每個詞彙當做空間中的一個維度，再依該詞彙在不同文章中出現的次數及位置產生不同之權重，轉換為向量空間模式（Vector Space Model, VSM）。權重值的決定，透過其詞彙頻率和所在段落決定，係因為詞彙頻率愈高，代表其重要性愈重。另外，在新聞的寫作上，以採用倒金字塔的寫法為主，因此愈重要的資訊，會被放在愈前面的段落。所以權重的決定綜合上述兩個因素。

階段二：事件回顧機制（Event retrospection mechanism）

在事件回顧機制可以區分為三大步驟，事件界定、議題主軸建立、摘要式註解。

- **事件界定**（Event identification），是透過資訊檢索（Information Retrieval）中之分群（Cluster）演算法，將內容相近的報導群聚在一起，而每一群聚則代表一個事件的發生與討論。在本研究的分群演算法是採用學者Dittenbach（2000）所提出改良第一代分群演算法SOM（Self- Organizing Maps, 1982年由Kohonen所提出的自主映射網路）的第二代演算法GHSOM（Growing Hierarchical SOM），如**圖1-2**所示。SOM係屬於類神經網路的分群演算法，可以有效地

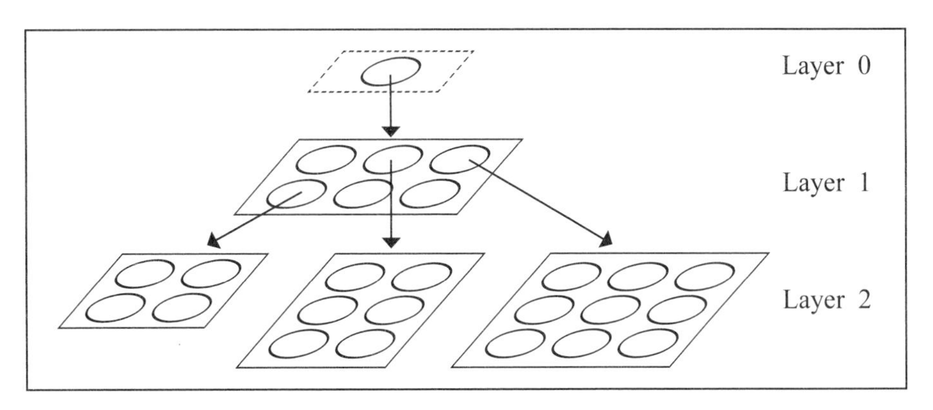

圖1-2 GHSOM概念圖

將高維度資料映射到二維平面上，且在SOM的平面中，鄰近關係代表兩集群間相似度較高的意義。而GHSOM解決SOM的地圖大小必須事先決定的缺點，並提供階層式的從屬關係。因此本研究將轉換為VSM（Vector space export）的文件，加入時間的維度後，放入GSOM中進行分群的動作。在實作GSOM時，依文件特性的不同，須決定成長的門檻值 τ 1以控制分群數和終止成長的條件MQE（Mean Quantization Error）值、學習速率（learning rate）、訓練次數等參數。

- **議題主軸建立**（Main story-line construction），為此研究之重點。根據各群中是否有相同重要詞彙出現之比對，計算各群之間相關性。再計算各群連接其他具有高度相關群體，依最大延展樹（Maximum spanning tree, MST）演算法，找出最長的群組連線作為系統主軸即完成議題主軸建立之步驟。
- **摘要式註解**（Summarization），本研究透過擷取出每個事件中，足以代表該事件的文句，取代過去以關鍵字描述事件的作法。擷取準則以其該文句中，出現足以代表本事件關鍵字的頻率，給與前p段之每個文句分數後，取其前三名做為摘要式註解。在代表事件關鍵字的擷取，本研究結合LabelSOM及tf*idf之模式，前者由學者

Rauber（1999）提出，其計算每個詞彙，對應到此區域的向量值與最終訓練結果向量值差距，做為衡量此詞彙是否具有一致性，一致性愈高的詞彙，代表屬於該事件的文件，皆會使用該詞彙，因此被選做為關鍵字。再結合前述 tf*idf 即可以進行評分、排序、選取。

四、事件回顧系統實作

實作過程

資料蒐集的來源為聯合知識庫，範圍從1990年1月1日至1994年12月31日，於憲政改革相關報導中擷取與「總統直選」與「委任直選」議題有關之報導，共1,129篇。

於斷詞切字及特徵值過濾步驟後，產生166個與議題相關的重要詞彙。

在事件界定步驟將新聞分成6個事件群組，其事件主題如**表1-2**所示。與兩岸人民條例時採用195篇新聞卻產生19個事件群組的結果相較之下，群組數明顯減少。此一現象於討論後得到解答，係由於所採用之新聞已經過關鍵字篩選，故相關性提高，而造成分群時較無明顯差異而導致產生較少之群組數。

表1-2 六個新聞事件之發生時間、主題及所含新聞數

時 間	主 題	新聞數
1990/02/16-1991/01/28	修憲方式與修憲進度爭議	125
1991/03/27-1991/11/20	二屆國代選舉與總統選制爭議	138
1991/11/24-1992/08/24	總統直選與委任直選爭議	561
1992/10/02-1993/06/16	第三階段修憲的基本議題與爭議	76
1993/07/18-1994/02/19	總統直選修憲通過後， 是否提前選舉之爭議	98
1994/02/28-1994/12/31	總統選舉相對多數與絕對多數爭議	131

由上述現象又延伸出另一問題，1,129篇之新聞分配於6個事件之下，故每一事件所包含的新聞數量甚多，在擷取新聞中重要句子作為摘要時，取出大量的句子。若依兩岸人民條例時，以所有句子權重的平均值為門檻，仍會造成篇幅為長的摘要而喪失精簡易懂之原意。故於本次研究中提高門檻為平均值之兩倍，取出更能代表特定事件主題之句子，產生具有關鍵意義的摘要報導。

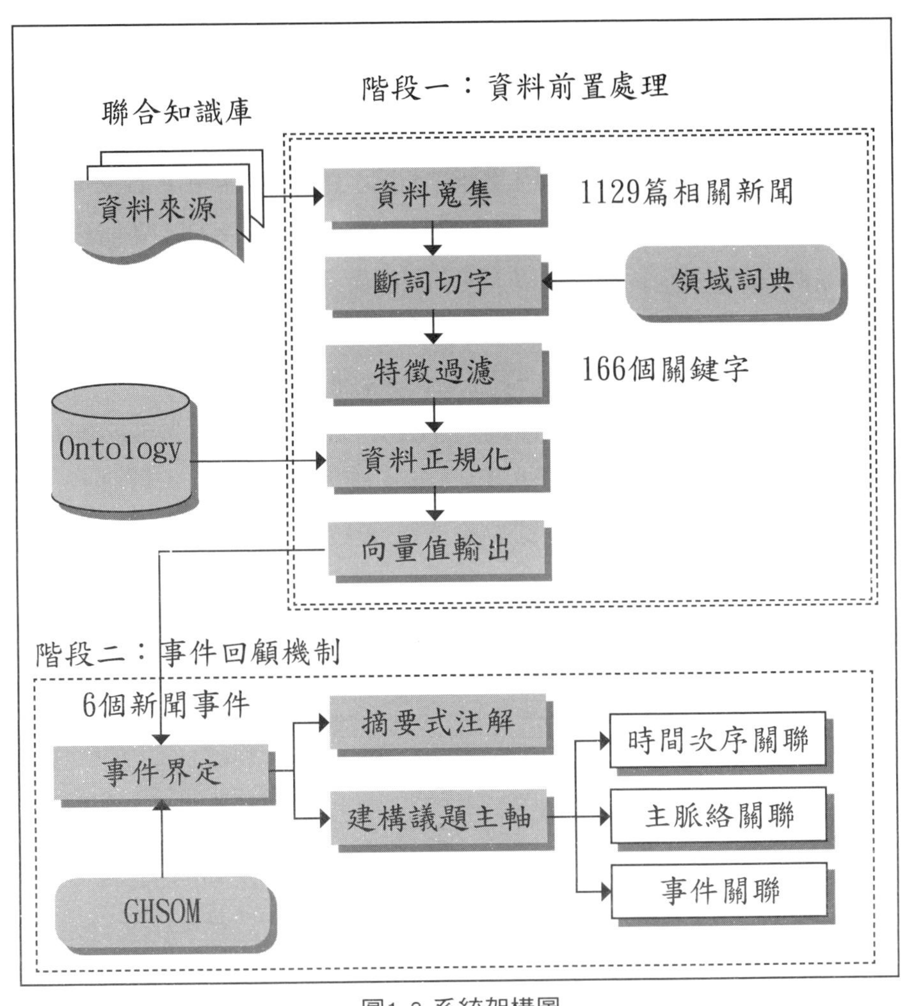

圖1-3 系統架構圖

六個分群結果於瀏覽器上以圖形顯示，能使研究者對於整體事件發展有初步之了解。畫面中實線方塊者為代表主要脈絡之事件、虛線方塊則代表較為不相關之事件，所有方塊內之時間代表該事件的開始與結束時間；而實線代表主脈絡事件間有相互關聯、虛線則是代表主脈絡事件與非主脈絡之事件有所關聯，如**圖1-4**所示。

若研究者欲進一步了解各事件內容與關聯，則可以點選方塊後，於下方顯示相關之關鍵詞、系統擷取之事件摘要、新聞標題等資訊；其中事件摘要為系統擷取各新聞中較為重要與相關之報導片段，能使研究者快速了解整個事件發展始末；如對於有興趣之議題欲再進一步追蹤，則可以點選新聞標題進入新聞原文。

然而總統直選與委任直選之爭辯，所牽涉之參與人物相當廣泛，如研究者限定研究人物對象或對於某位政治人物有興趣時，系統上並無法有效快速取得相關資訊，因此再輔以人名萃取技術，將報導中相關人物分類整理，並以樹狀方式顯示於瀏覽器上，以利研究者快速導覽，唯人物分類並未再依各事件來區分，而是以所有蒐集資料為來源。

人名擷取部分以詞語分析系統ICTCLAS對同一資料來源進行斷詞動作，而非利用領域詞典，而僅使用人名詞性部分，並未將兩者做進一步結合用於事件分群上，並依照所屬團體進行分析與人工再校正。

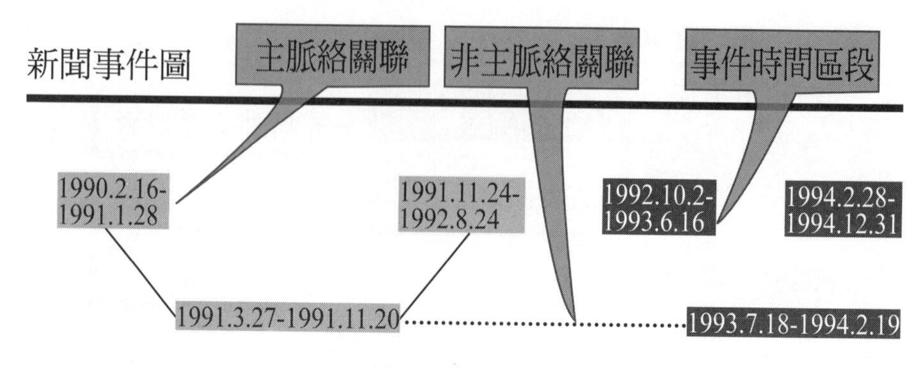

圖1-4 事件回顧系統結果呈現圖——新聞事件脈絡圖

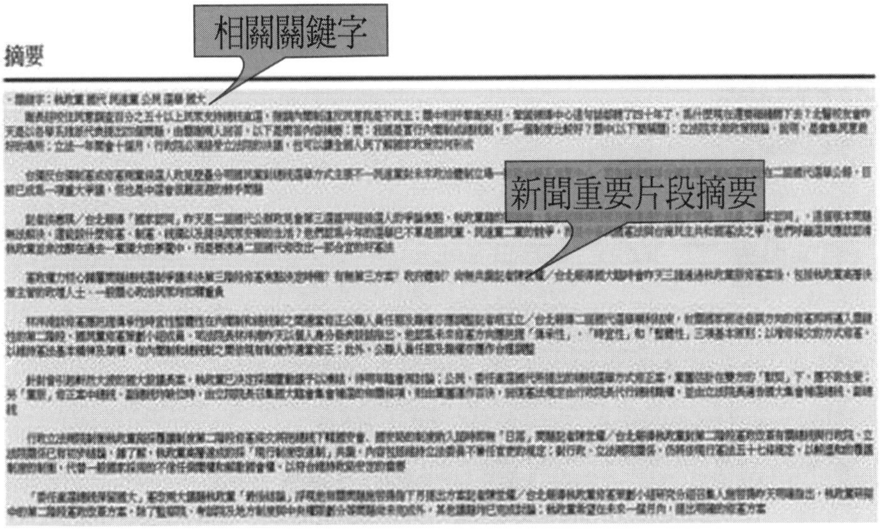

摘要

[illegible]

圖1-5 事件回顧系統結果呈現圖——摘要

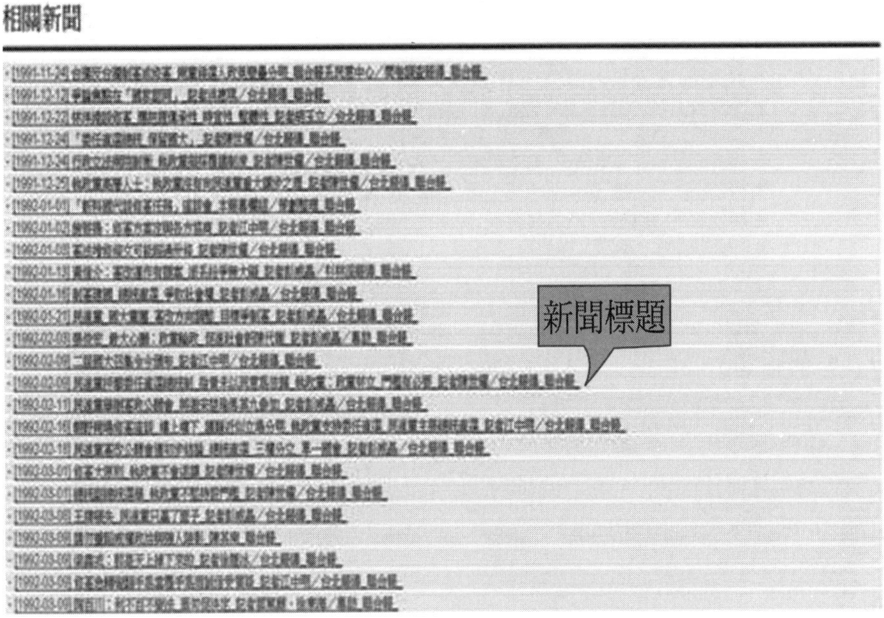

相關新聞

[illegible]

圖1-6 事件回顧系統結果呈現圖——相關新聞

- 民間社團
- 民意代表
- 民選地方首長
- 政府官員
- 政治領袖
  - 金大中
  - 連戰
  - 陳水扁
  - 呂秀蓮
  - 李登輝
    - 明後年選舉三合一 國民黨高層改口 記者李信宏/台北報導 聯合報
    - 李總統回三芝 暢談文化建設 記者林新輝/三芝報導 聯合報
    - 城仲模 政黨言論空間應大一點 記者張正莉/台北報導 聯合報
    - 修憲不少遺憾處 施啟揚接受結果 記者張正莉 江中明/台北報導 聯合報
    - 看林洋港與施啟揚二位先生的進退 本報訊 聯合報
    - 李總統昨接見世台會重要幹部 記者羅曉荷/台北報導 聯合報
    - 施明德 本是一黨修憲一人修憲 記者羅曉荷/台北報導 聯合報
    - 僑民選舉案 派系之爭產物 何天傑/博士班研究生（台北市） 聯合報
    - 僑民投票權若遭排除 國民黨僑選國代揚言退出臨會 記者江中明/台北報導 聯合報
    - 劉松藩贊成「省縣自治法今難必三讀」 記者李信宏/台北報導 聯合報
    - 臨會透視--平息僑民投票權爭議 次團恐在等「一句話」 記者江中明/特稿 聯合報
    - 李總統越洋遙控國內政務 記者陳世耀/特稿 聯合報
    - 李總統承諾 要僑有總統選舉權 特派記者游其昌/約堡十二日電 聯合報
    - 勿爲一人一黨一派一時修憲 本報訊 聯合報
    - 李登輝：這是最關鍵、也是最後一次修憲 記者謝公秉/台北報導 聯合報
    - 對於朝野兩黨修憲協商的評析 本報訊 聯合報
    - 許水德：這不是李主席的意見 記者黃玉振/台北報導 聯合報
    - 黨版修憲案 中常委意見紛陳 記者何旭初/台北報導 聯合報
    - 李總統：國家定位無協商空間 記者彭威晶、孫榮光/台北報導 聯合報
    - 總統今接見民進黨國代 記者彭威晶/台北報導 聯合報
    - 總統不提前直選 跡象越來越明顯 記者何旭初-特稿 聯合報
    - 總統直選 決採相對多數當選制 記者黃玉振/台北報導 聯合報
    - 如果讓大家「直選」行政院長 本報訊 聯合報

圖1-7 人名索引

五、結 論

直選與委選議題爭辯於1992年初開始至年中為最高峰，亦可於新聞事件圖分群中看出端倪，在1992年8月24日以後之分群已不在事件主軸上。由於所有新聞皆與憲政改革相關聯，取出與本研究所欲探討主題之直選與委任等關鍵詞相關之報導後即為正確文集，將之轉換為具有段落資訊的TXT純文字檔案後進行分析。

系統未來展望

經由此次研究過程發現之問題，及觀察系統呈現結果得到未來系統可發展的方向，有下列幾點：

- 蒐集資料時，將研究者所提供之關鍵字由系統自動找出其他相關之關鍵字，以提高資料蒐集的完整性。例如當研究者欲搜尋之關鍵字為「總統直選」，系統能將具有「民選」關鍵字之新聞連帶地列入蒐集的目標。
- 系統結果呈現時，讓使用者輸入關鍵字，從事件中所有新聞再篩選出具有此關鍵字之新聞，以符合研究者查詢特定興趣之目的。
- 根據不同研究者不同目的之需要，摘要應有不同精簡度。系統提供多種不同精簡程度的摘要讓研究者選擇，以達到滿足不同需求之客製化系統。

叁、台灣總統選制從間接選舉到直接選舉之憲法變遷的背景和過程

台灣約略在1980年代中期展開其民主化的過程[11]，當時最顯著的議題之一便是關於國民大會、立法院和監察院等民意機構的改革問題[12]。這三

11 第一個反對黨民進黨創立於1986年；戒嚴令則於1987年取消。

12 中華民國的憲政體制設計主要是根據孫文的五權憲法架構以及權能區分之說，行政、立法、司法、監察、考試等代表政府治權的五個機構，主要是對代表政權之機構國民大會負責。其中立法委員和國民大會代表由人民直選，監察委員則由省議會議員間接選舉產生，但基本上這三個機構皆被視為民意機構。但此一憲政體系在歷經七次修憲後有了相當大的改變，雖然五權的架構仍被為持著，但國民大會則於2005年的修憲中被廢除了。參見廖達琪等，〈台灣剛性憲法的迷思：源起、賡續暨其對憲改的影響〉。

個機構的大多數民代都是在1948年國民黨在中國大陸主政時選出的[13]。國民黨認為這些在1948年選出的民代，可以象徵其對於中國大陸的統治合法性，因此歷經四十多年未改選這些民代[14]，致使資深民代必然成為民主改革呼聲下首當其衝的一個目標。

然而，這三個民意機構的改革問題，不可避免的將牽涉到國家元首的產生方式——亦即總統選制——的問題，因為根據《憲法》本文之規定，總統是由國民大會選舉而出（《憲法》二十七條）。如果所有的國民大會代表皆由台灣選舉而出，則必將由他們來選舉總統，這點讓當時的一些國民黨菁英感到困擾。這類菁英非常重視國民黨對於中國大陸的統治合法性，以及五權憲法之孫文遺教[15]。他們認為，即使資深民代退職，至少五權憲法的架構以及權能區分的原理也應該被保留；而此將意謂著國民大會應持續作為一個民意機構而存在，並且擁有選舉總統以及修改憲法之權限。

在另一方面，有一些政治菁英（不以國民黨為限）則不抱持這種憂慮，他們主張國民大會應該廢除。這類政治菁英認為，國民大會乏善可陳，只會挾持其修憲和選舉總統之職權需索無度。他們同時表示，一旦國民大會廢除，則總統應由人民直接選舉。但是這些反對的聲音在台灣的民主改革剛啟動之時並未受到太多的注意，因為國民黨仍然大權在握，而且國民黨傳統的強硬派依然當權。

在同時身兼國民黨黨主席之李登輝總統的授權下，國民黨始於1990

---

13 Liao Da-chi, "How Does a Rubber Stamp Become a Roaring Lion? The Transformation of the Role of Taiwan's Legislative Yuan during the Process of Democratization (1950-2000)," *Issues & Studies*, Vol. 41, No. 3 (2005), pp. 31-79.

14 1948年所選出的資深民代，基於司法院大法官會議所做出的釋字第261號解釋文，而於1991年年底全部退職。

15 參見註12。

成立了一個修憲策劃小組[16]。這個修憲策劃小組的主要任務便是為改選三個民意機構尋找合法基礎。然而，由於國民黨的修憲底線是保留五權憲法的架構，以及憲法的中國大陸代表之象徵性功能，因此修憲策劃小組的成員乃提出國民大會代表，由複數選區制和比例代表制之混合方式選出之方案。此一構想下的國民大會，其特定比例的成員將由全國選區之比例代表制產生。他們期待這類沒有特定選區範圍的民代將象徵整個國家，並且會聽從提名他們的政黨之指令。而且如果國民大會保留其選舉總統的職權，他們甚至進一步地考慮將國民大會轉換成一個相當於美國選舉人團之委任代表機構[17]。然而，這個修憲策劃小組的主要任務並未包括總統選舉方式的改革，因此這份提議在當時受到擱置。

1991年4月，在國民黨國代在國民大會中占居壓倒性多數的情況下，台灣完成了第一次的修憲。雖然修憲策劃小組的修憲提議照單全數通過，但是它在國民黨黨內外（主要是民進黨）都遭受到挑戰。尤其民進黨，雖然只在國民大會占有2%的席次，但是它仍能有效地發聲並且動員社會權力批評國民黨的修憲提議[18]。民進黨之後以「台灣共和國」為名草擬了它自己所屬意的憲法，亦即《台灣憲法草案》，採三權分立式的總統制，總統則由公民直選[19]。

第二屆國大代表則於1991年底根據第一次修憲的增修條文選出。在該次選舉過程中，民進黨候選人強力地推動總統直選之理念，並且要求國民

---

16 此一修憲策劃小組的成員包括：李元簇（副總統）、郝柏村（行政院院長）、林洋港（司法院院長）、蔣彥士（總統府秘書長）、蔣緯國（國安會秘書長）、李煥（總統府資政）、邱創煥（總統府資政）宋楚瑜（國民黨秘書長）、梁肅戎（立法院院長）、黃尊秋（監察院院長）、林金生（考試院副院長）、何宜武（國大秘書長）、連戰（台灣省省主席）。

17 陳新民 編（2002），《1990-2000年台灣修憲紀實：十年憲政發展之見證》。台北：學林文化。頁7-37。

18 同前註，頁31-46。

19 廖達琪等，〈台灣剛性憲法的迷思：源起、賡續暨其對憲政的影響〉。

黨釐清他們對於總統選制的立場。國民黨候選人並未在這個議題上形成一致的立場，即使國民黨的修憲策劃小組已經將總統選制從間接選舉制修改為委任直選制，但是並沒太多的國民黨國大候選人在他們的選區推動這個方案，倒是有一些候選人公開表示他們支持人民直選總統。

國大選舉結果，國民黨壓倒性地贏得79%的席次，民進黨僅獲得不到20%的總席次[20]。此意謂著，如果國民黨國代夠團結的話，國民黨仍將能夠主導推動符合它所欲求之憲改方案[21]。國民黨第二次修憲的修憲策劃小組，在1992年正式公布其總統委任直選案，但此一提議並沒有得到太多的支持。首先，在修憲策劃小組內部儘管多數支持此一提案，但亦有部分成員不表贊同。其次，在國民黨中常會內某些支持公民直選的重量級人物，亦堅決反對委任直選案。在經過中常會的激烈爭辯後，最後主席李登輝以此事攸關國家未來發展，而裁示「公民直選」及「委任直選」兩案併陳，提交國民黨三中全會討論。然而三中全會最後亦只做出原則性宣示：「總統、副總統由中華民國自由地區全體選民選舉之，其方式應依民意趨向審慎研定。自中華民國八十五年第九任總統、副總統選舉施行。」[22]

從1992年3月至5月國民大會開議期間，總統選制的問題依然是個爭議的焦點。民進黨國代聯合部分國民黨國代積極推動公民直選制，他們甚至宣稱，他們已經掌握了25%的席次，如果國民黨執意通過委任直選案，他們將阻撓到底。諷刺的是，部分國民黨籍國代甚至主張回到最初《憲法》所規範的總統選舉方式——亦即由國代選舉總統。儘管在議事過程中，委任直選制似乎有逐漸消退的跡象，但此次的國民大會並未在這個議題上做出重大決定。它不過是延續國民黨三中全會的決議：「總統、副總統由中

20 其他則是無黨籍人士。

21 請參見廖達琪等，〈台灣剛性憲法的迷思：源起、賡續暨其對憲改的影響〉。

22 陳新民 編（2002），《1990-2000年台灣修憲紀實：十年憲政發展之見證》。台北：學林文化。頁62。

華民國自由地區全體選民選舉之，自中華民國八十五年第九任總統、副總統選舉施行。」但選舉方式，則授權由總統召集國大臨時會訂定之[23]。直到了1994年，採相對多數當選制的總統公民直選制，終於正式形諸於〈憲法增修條文〉。

在這整個修憲過程中，國民黨在此一議題上的意見紛歧是相當明顯的。相反的，民進黨則是立場堅定地支持公民直選制。儘管國民黨在國民大會中占有超過四分之三的席次，但是民進黨作為一個權力薄弱的在野黨，卻可以成功地扭轉國民黨的意向，朝著它所提議的總統選舉方式走。民進黨的此一力道，在很大程度上是受益於國民黨黨內的異議者之助燃。然則，何以國民黨在這個議題上有這麼多的異議者？究竟委任直選制的支持者和反對者各自的盤算為何？此外，民進黨除了實現其做為反對黨的職責外（即反對執政黨的任何理念），其強力推動公民直選制的理由何在？本文首先將藉由理性計算的觀點來回答這些問題。

肆、政治菁英的利益計算

經由理性計算，當政治菁英做出某種憲政選擇時，他們通常是試圖從這樣的選擇中獲取他們最大的利益。或者，倘使情況不允許，則菁英的計算將會以使損失減到最小程度為基礎。對這些菁英而言，複雜計算的主要目的不外乎是「權力」。因此，台灣在總統選舉方式這個議題上的憲政選擇，支持不同選制者，或可以權力取得的極大化或權力喪失的極小化之邏輯，做進一步的分析。

第一群政治菁英，亦即不支持總統公民直選制者，他們之中有一部分人可能認為一旦總統選制改為公民直選，他們並未有明顯的機會可以提高他們的權力。相反的，他們可能覺得原先的總統選制較能滿足他們的利

23 同前註，頁48。

益，但情勢並不容許他們維持固有的總統選舉方式。因此，委任直選制就成了他們妥協下的解決方式，因為他們既無法維持其所偏好的最佳方式，也害怕失去他們過去一向擁有的權力基礎。然而，根據權力極大化邏輯，他們之中某些人或許也了解到，間接選舉制可能有助於他們在未來取得權力的極大化。

第二群政治菁英，亦即支持總統公民直選制者，其大部分人可能認為，如果總統選制由間接選舉改為直接選舉，將有助於他們在未來提升其政治權力。從另一個意義來說，如果一名政治領袖相信，公民直選的總統在既定情勢下將能大幅地提高其權力，則他將會偏好直接選舉制勝於間接選舉制。不過，他們之中某些人可能無法從此一總統選制變遷中直接獲益，且甚至可能因此失去更多的影響力。

在上述推論中，有一個仍未給予適當詮釋的關鍵元素，此即「情勢」。在此其所指涉的是新興民主國家之處境，這也傳達了一種意義，即圍繞一個新興民主國家的政治氛圍，通常傾向於強調人民的主導地位。當我們把這種情勢列入考慮時，政治菁英的計算顯然就不是在社會真空的情況下做出的。支配性的社會價值將影響或限制他們的利益計算，本文將在下一節中對此詳做討論。而在本節中，本文將採用上述的推論來檢視台灣的政治菁英在總統選制議題上，是否遵照理性邏輯的兩個不同面向。

本文先從不支持總統直接選舉制的菁英群開始討論。這群政治菁英主要是國民黨的強硬派，他們總是喜歡將五權憲法架構的重要性，和國民大會對於整個中華民國國家象徵的功能掛在嘴邊。他們對於總統直接選舉的主要關切，一方面在於擔心此舉會引起社會的不安定，另一方面則憂慮這是為台灣獨立鋪路。這種推論方式受限於國民黨的意識型態更勝於他們權力利益。然而，如果我們檢視他們的政治生涯，尤其是那些極受國民黨影響者，則情況又有所不同。

他們之中有些人似乎已經達到他們政治生涯的頂峰，或正在走下坡。此外，他們的位居要津或他們先前的權力基礎，都不是來自人民的直接選舉，而是來自高層的權威。對他們而言，總統直選在理論上是不必要的，在政治上是不正確的，在實際上是不可欲的。他們之中的某些人仍然希望將來能在政治上更上一層樓，但是他們可能認為舊有的總統間接選舉制之制度機制，可以為他們提供較多獲取更多權力的機會。以下將各以兩個例子來說明理性邏輯的兩個面向。

李煥和謝東閔屬於權力損失最小化之邏輯類別。李煥曾經是蔣經國的核心追隨者之一[24]，在1990年剛從行政院院長的職位上被換下來。由於他和李登輝總統不合，致使他自己的政治生涯幾乎已告終[25]。謝東閔是蔣經國在1978年至1984年間的副總統，但是在蔣經國於1984年尋求他的第二任總統任期時，謝東閔被李登輝取而代之。卸下副總統職位後，他被國民黨尊為大老，且顯然不會再有政治未來。

至於權力極大化的邏輯，則邱創煥和郝柏村可入列。邱創煥在1984年被蔣經國任命為台灣省省主席，接替前主席李登輝之職位。他在當時顯然仍是政治前途看好，因為他是所謂的台灣人，而且他的台灣省省主席之背景，讓他足以在中央政府的較高職位（例如總統或行政院院長）上一爭高下。然而，由於李登輝和他有相同的背景，而且又早他一步擔任台灣省省政府主席，因此根據權力極大化邏輯，邱創煥在當時有兩種選項，一是追隨李登輝總統或可能有機會被提名為行政院院長；另一個選項則是和國民黨的大老站在同一邊，藉以打入他們的核心，以幫助他在國民大會的體制下競選總統。

這兩種選項都具有不確定性，而邱創煥所選擇者相當符合權力極大化的邏輯，換言之，他選擇了站在大老這一邊，並且扮演了反對總統直接選舉制之領導角色。此意謂著根據理性邏輯，他頗有競選總統之野心。事實上，他在1996年曾試圖取得國民黨的總統候選人資格，但最後輸給了李

24 在1940年代，李煥曾經是是蔣經國的學生。

25 李煥當時為總統府資政。

登輝[26]。

郝柏村當時候是行政院院長，他是在1990年接替李煥的。由於李登輝任命他為行政院院長，因此他也面臨了如何擴展他的影響力的兩個選項，一是緊密地追隨李登輝，使他可能在未來被推進至副總統的職位；另一是藉由阻撓任何可能擴展李登輝的權力基礎之任何機會，以為他自己爭取政治未來。然而，郝柏村選擇了後一個選項，以權力博弈的觀點來看，第二個選項風險較高但較吸引人[27]。

以上四位政治領袖例證了理性計算邏輯如何解釋他們何以不支持總統直選制，而寧願支持其他較不是那麼接近直選制的選項。另一件值得注意的事是，這四名政治領袖包含了兩名外省籍人士（李和郝）和兩名台籍人士（謝和邱），這顯示出經常被用來看待台灣的權力對峙之省籍背景區別，在政治鬥爭中的作用尚不如權力計算。

第二群政治菁英是那些支持總統直選制者。根據權力極大化邏輯，這些菁英必然認為，一旦總統直選制能夠通過憲政選擇時刻，便能夠擴展他們的權力。不過，他們之中有些人可能也只是想藉由支持直選制的選項，來遏止他們的權力基礎之持續流失，此即權力損失最小化原則。事實上，這兩種不同的思考理路都能夠適用於這群菁英，不管是國民黨和民進黨，都有人是根據權力極大化之思維邏輯來考量。以下本文將舉出四個國民黨權力極大化邏輯的例子以及一個民進黨的例子，權力損失最小化邏輯則有三個國民黨的例子。

根據權力極大化邏輯，那些具有群眾基礎而有參與直選總統之選舉競爭潛能者，將會偏好直接選舉制勝於間接選舉制。此外，那些與這些潛在的直選制總統候選人關係密切者，也會偏好總統直選制。在國民黨這邊，

26 楊國強（1997），《你不知道的邱創煥》。台北：商周。頁15-30。

27 郝柏村對於總統選制議題的態度剛開始時是相當模糊的，他甚至曾一度表示，國民黨應該體察民意來決定是否採總統直選。陳新民 編（2002），頁57。

我們所挑出的四個例子分別是：李登輝、林洋港、連戰和宋楚瑜。相當諷刺的是，李和林在國民黨內一向是夙敵，在許多議題上經常各唱反調，但是在支持總統直選制上卻不謀而合。

由於李登輝已經擔任總統有一段時間（從1988年始），所以他占有一個參與任何政治競局的優越位置，而他的追隨者也相當了解這種情況。從另一方面說，如果李登輝當時不是握有相當權力，他也不可能吸引這麼多追隨者。因此連戰和宋楚瑜支持總統直選制這是相當可理解的：他們想要展示他們對於李登輝總統的忠誠，因為他們將各自的政治前途都賭在李登輝總統身上。當時宋楚瑜是國民黨的秘書長，而連戰則是台灣省省主席，都是台灣政壇上的明日之星，且都選擇了緊密跟隨李登輝的步伐。再次值得一提的是，權力計算邏輯終究勝於省籍背景的解釋，因為宋楚瑜是外省籍，而敵對的李和林都是台灣籍。

至於在民進黨這邊，當時擔任民進黨立院黨團幹事長的陳水扁，無疑地是最受矚目的政治明星，在總統選制的議題上，他曾經赤裸地表明：

「根據過去經驗，民進黨在縣市長競選時，與國民黨一對一對決，不無獲勝機會。但是要爭取議會多數席位，那是非常困難的事。……要迅速擊敗國民黨，掌握政權的機會，只有主張總統民選，希望一對一時，一舉拿下總統的位置，取得政權。在這樣的考慮下，只有放棄完全內閣制的主張，不能讓總統成為虛位元首。」[28]

可見陳水扁何其有先見之明！後來民進黨的執政之路，正符合了他在1990年所說的話！也無怪乎民進黨在總統選制的議題上是立場一致的。不過陳水扁在此一議題的演進過程中也不是那麼前後一致，他也曾經表示，美國的總統選舉模式勉強可以接受[29]。根據理性邏輯，我們可以合理地懷疑，如果國民大會暫時沒有辦法完全廢止，那麼陳水扁的底線至少是確立

28 〈民進黨主張總統民選 便於迅速執政〉，《聯合報》，1990年6月28日，2版。

29 陳新民 編（2002），《1990-2000年台灣修憲紀實：十年憲政發展之見證》。台北：學林文化。頁15。

某種形式的民眾直選。由於國民黨醞釀中的委任直選制被認為相當接近於美國的選舉人團制，因此陳水扁此說可視為有妥協的打算，但整個情勢倒向了直選制，陳水扁當然也就支持它了。

再轉向理性邏輯的另一面向來說，也就是權力損失最小化原則。如前所述，那些認為自己在國民黨內的權力正逐漸流失，但仍想要為自己的剩餘價值做最後的頑抗者，也可能選擇支持總統直選制。我們選擇了符合這種情況的三個國民黨菁英。第一是當時（1987-1993）的監察院院長黃尊秋，由於監察院在當時也是被改革的對象，黃尊秋的政治前途正面臨著不確定性，但是他除了支持李登輝的意向外似乎沒有太多選擇的餘地。一方面，他年事已高[30]，而且已經高居五院院長之職；另一方面，他的女兒黃昭順正蓄勢在政治競技場上一展身手[31]。事實上黃尊秋在明白表示為什麼總統應該直選，以及該採哪一種方式的直選上，扮演了一個相當重要的角色[32]。

第二個例子是1948年所選出的資深立委趙自齊，他也是在1991年依據大法官會議釋字261號憲法解釋文而被迫退休。大多數這類中央民代都是偏好總統間接選舉勝於直接選舉。但是趙自齊卻支持直接選舉，此一選擇可以用權力損失最小化邏輯來理解。他是在1996年李登輝經由全民普選當選總統後，少數被任命為總統府資政的資深退職中央民代之一[33]。

最後一個例子是趙少康。他當時是國民黨內的異議分子，在許多議題上都與李登輝總統意見不合[34]。在某種條件下，他之所以支持總統直選

---

30 當時黃尊秋年近七十歲，但並不是年紀最大的。

31 黃昭順在1993年當選高雄市的立法委員，之前則是高雄市市議員。

32 〈原先規劃委任直選 突然改變方向 黃尊秋：執政黨「從善如流」〉，《聯合晚報》，1992年3月10日，2版。

33 當時另一名被任命為總統府資政的資深退職中央民代，是前立法院院長倪文亞。

34 趙少康當時結合若干國民黨籍立法委員組成新國民黨連線，並於1994年離開國民黨另創新黨。

制是能夠以權力損失最小化邏輯來理解的。那就是，國民黨外的環境強烈地支持直選制。因此他的選擇可被詮釋為：試圖藉由擴大來自國民黨外的支持基礎，以使他在國民黨內部的權力損失最小化。而情況正是如此。趙少康曾經接受訪問談及他為什麼支持總統直選制，他的回答簡短而明白：「贊成直選，因委任直選沒人懂。」[35]

事實上趙少康並不是國民黨內唯一對此議題表達這種看法的人，國民黨內有很多人都有類似的擔慮，即一般人根本不懂什麼是委任直選[36]。因此，環境對政治菁英利益計算的限制必須被考慮在內。就本文的討論而言，此即民眾對民主政治的理解程度。

伍、民眾對民主政治的理解程度

如前所述，民主政治在當前有許多不同的治理形式。根據正統的分類法，有兩種典型的民主政府型態：議會制與總統制。前者並不要求國家元首由人民選舉產生，但政府首長則必須以人民普選作為他／她的統治合法性之基礎。後者在理論上應該是由人民直接選舉總統，因為總統身兼國家和政府之領導人。然而，在實踐上最接近總統制理想型的美國，卻採選舉人團作為代表每一個州在總統選舉上的意向。這種制度是否足夠民主或者是否能夠代表所有人的普遍意志，在教科書中一直是個永無休止的辯論主題。一般而言，美國公民可能並不了解或甚至是在乎他們的制度之民主程度，但是他們都接受它是一個既定的歷史條件。

就台灣這個新興民主國家而言，人們如何吸收所有這些複雜的理念，並了解不同類型的民主政治和它們的內在邏輯？對新興民主國家的人們而

35 陳新民 編（2002），《1990-2000年台灣修憲紀實：十年憲政發展之見證》。台北：學林文化。頁58。

36 既然民眾不清楚委任直選 何不採簡單方式〉，《聯合報》，1992年3月10日，14版。

言，民主政治最佳的意涵，就是反映出它最原始的意義：由人民統治。但人民如何能夠真正地統治呢？一個簡單的答案就是：人民能夠投票選出他們的國家領袖。至於其他複雜的議題，例如採用什麼類型的民主體制，或者哪一種選舉制能夠更佳地傳達人民的意志，這些可能都不是一般民眾能夠完全理解的。因此在1990年總統選舉（這次選舉是由國代間接選舉）過後所做的立即民調之結果，也就沒有太大的意外了：超過56%的台灣民眾希望下一屆的總統是由人民直接選舉[37]。

不管是國民黨或民進黨都不滿意於當時的既定情況。尤其是國民黨作為支配性的執政黨，它可能深信如果能夠做好委任直選制的宣傳，人們是會接受它的。事實上國民黨確實非常賣力地推動委任直選制。起初，國民黨在這方面所花的功夫似乎頗有成效，因為它在1991底的國代選舉贏得了壓倒性的勝利。然而，即便國民黨在這次的國代競選過程中，以黨籍候選人的共同政見來宣傳它，但選舉的勝利無論如何並不能夠被解讀為人民支持委任直選制。有兩個明顯的徵兆可用來闡明這一點，一是國民黨既以「直選」一詞來說明這種選制，同時又架床疊屋地說「委任直選」；其次則是並沒有太多的國民黨籍候選人將這種選制放進他們的競選宣傳中，相反的，他們之中有些人甚至直接了當地表明支持直選[38]。

國民黨並未完全體察到該次國代選舉的勝利，其實與它當時所推動的委任直選制並沒有太大關係，因此國民黨在1992年2月正式宣布委任直選為國民黨的修憲方案。當時《聯合報》和「台灣電視公司」在國民黨公布其修憲方案後立即做了一個調查，結果顯示，有高達八成的受訪民眾表示不知道執政黨所提的「委任直選」是怎麼一回事，而且在經訪員解說「委任直選」的意義後，主張總統應直接民選者仍有32%，明顯多於支持委任

37 〈希望總統直接民選 卻又贊成內閣制〉，《聯合報》，1990年3月26日，2版。

38 〈部分國民黨候選人 連線出擊 文宣訴求 擬打總統直選牌〉，《聯合報》，1991年11月07日，14版。

直選的24%[39]。

此外，「中華民國民意測驗協會」在1992年3月所主辦的一項民意調查結果亦顯示，有37.1%的民眾贊成「公民直選」，16.5%贊成「委任直選」；而在受訪者中，知道什麼是「委任直選」的只有28.9%，71.1%的民眾不知道什麼叫做「委任直選」[40]。此顯示出，儘管國民黨極力推動委任直選，但大多數的台灣人仍然只能夠了解直選制，進而支持它。

另一方面，民進黨正好能夠回應民眾的需求和接近人民的思惟。它不斷地以「你可以直接投票選舉總統」、「直選才是真正的民主」、「總統直接選舉、人民當家作主」等等簡單、易懂的口號作為直選總統的訴求。民進黨不僅為總統直選制做了有效的宣傳，也懂得如何攻擊國民黨的委任直選制的弱點。

國民黨無法完全忽略國民大會，因為它對當時的國民黨而言，具有各種不同的象徵意義。但國民大會實際上已經成為一種憲政包袱，因為每一次國大開議，不管是進行修憲抑或是選舉總統、副總統，國代們每每企圖假其職權從中牟利。國民黨雖然試圖將國代轉變成僅僅遵從選民的意志之選舉人團，但是這種體制從未在台灣存在過。在台灣一般人的心目中，所謂的國民大會代表，其形象總是貪婪的、自私的和自肥的，不管他們究竟是民意代表還是委託選舉人。因此民進黨能夠藉此將國民黨所提議的受託選舉人，說成是類似現在的國大，而國民黨竟未能清楚地辯駁民進黨對於選舉人團制所提出的危險性質疑。

最重要的是，台灣民眾對於民主政治的理解程度，並不足以讓他們充分接受委任直選制作為產生國家領袖的方式。民進黨相當了解這情況，並完全掌握台灣民眾的這種思路。國民黨逐漸地體會到這一點，雖然在整個

39 〈聯合報台視民意調查 憲政改革 贊成總統直選內閣制者較多〉，《經濟日報》，1992年2月17日，3版。

40 〈「公民直選」總統37.1%受訪民眾贊成〉，《聯合報》，1992年3月8日，2版。

過程中，它極力地嘗試在黨內、外進行妥協，以挽救它的意識型態遺產，終究還是得屈從於一般民眾的思維方式。

陸、兩種總統選舉方式與民主政治的親合性

究竟這兩種總統選舉方式哪一種較符合民主政治？本能的回答應是公民直選制。但是如果透過各種民主理論來加以檢視，則這種總統直選形式與民主政治的連結關係儘管甚於委選制，卻也不是那麼明確。舉例來說，根據社會主義民主理論，人們可能會質問：是否每一個公民都有同等的立足點來參與直接選舉？而自由主義民主理論則可能質問：人民直選的總統應該擁有多少權力，才不會妨礙到個體的自由？即便是古代雅典經驗所模塑出來的古典民主理論，也可能因為人民直選制所實施的國家之地理和人口規模，而對它提出挑戰。

根據各種民主理論，民主政治是一種手段而不是目的。然而，對新興民主國家而言，民主政治本身可能同時是手段也是目的——事實上，更可能是目的甚於手段。因此公民直選總統聽起來就像是民主政治，無論它本身可以達成什麼目標，或者需要伴隨其他條件才能夠達成特定目標。

相反的，委任直選制僅僅是聽起來就不是那麼的像民主政治。此外，沒有一種民主理論直接支持它的民主意涵。國民黨用來支持它的論點之唯一方法（而不是理論）便是美國的選舉人團制。但是美國的選舉人團制之起源和民主政治完全沒有關係；它意圖捍衛一個共和國甚於民主政治[41]。因此根據這兩種總統選制與民主政治的親合性之觀點來看，不管是在名義上或是理論上，委任直選都無法勝過公民直選。

---

41 Stephen F. Knott, *Alexander Hamilton & the Persistence of Myth* (Lawrence: University Press of Kansas, 2002), p. 231.

柒、結 論

本文試著闡明當出現憲法變遷的制度機會時，一個新興民主國家會偏好什麼樣的憲政規則。由於民主政治和憲政之治在現代都被視為優位的價值，因此本文採用了迷思途徑。此一途徑包含了三種理論思路來檢視從舊迷思過渡至新迷思之間的轉移，其分別是：政治菁英的利益計算、民眾對民主政治的理解程度，以及既定迷思與民主政治的親合性。

本文所研究的案例是台灣在1990年至1994年間，在總統公民直選制與委任直選制之間所做的憲政選擇。藉由這三種理論思路，本文首先揭示出政治菁英如何運用權力極大化和權力損失最小化之邏輯，在此議題上選邊站。然而，這些政治菁英並不是在社會真空從事他們的利益計算。尤其是在新興民主國家中，沒有太多正式的前例或經驗，能夠被援引來作為某一種制度之民主性質的合理化來源。此時，一般人民對於民主政治的理解程度，在界定特定的憲政規則是否為民主的這個問題上，可能就扮演了一個決定性的角色。因此，當時民眾對於兩種總統選制的反應應該被列入考慮。

而以當時的民調結果來看，公民直選制比委任直選制更容易被了解，也因此受到更多的支持。這種社會氛圍，對於當時的政治菁英在總統選制議題上的意見分歧之最後確立，相當具有影響力，同時也有助於公民直選制的最後勝出。本文最後也討論了兩種選項與民主政治的親合性，根據所有的民主理論，總統直選制是比委選制更符合民主政治。

從本研究可以得出兩種意涵。一是光明的一面，亦即新興民主國家較諸民主耆宿國家，可以更佳地實行民主政治的基本意義——由人民統治或者理論意義上的直接民主。在本文的案例中，民意的確限制了菁英的利益計算。另一方面，即便菁英比一般民眾擁有較佳的位置，可以來詮釋一個既定的議題，但無論是在表面層次或實質層次上，他們的詮釋都不能夠超越一般人的理解程度，並脫離支配性的社會價值。

至於黑暗的一面則是許多政治哲學家長久以來所關切者，此即多數暴政的問題。美國建國之父之一的漢彌爾頓（Alexander Hamilton）曾經表示：

> 「民眾有時是錯的……一個持平的觀察是，民眾通常立意追求公益，但是他們對於促進公益的手段並不總是立論正確。這部分是由於他們容易屈從煽動家的魅惑，這些煽動家阿諛他們的偏見而出賣他們的利益。」[42]

有位當代的政治學家Hugh Heclo曾經創造了一個語詞「超民主」（hyperdemocracy），用來形容開放參與政治之審議決策過程，這種決策過程眾聲喧嘩，唯獨欠缺深思熟慮的決策[43]。作為資深民主國家的美國，從未停止質問直接民主的落實。而台灣這個新興民主國家，是否能夠蘊蓄出這種傳統，以抗衡似乎無法停歇下來的民粹政治趨向？

---

42 Alexander Hamilton, James Madison, and John Jay, *The Federalist*, Edited by Jacob E. Cooke (Middletown, Conn.: Wesleyan University Press, 1961), No. 71, p. 482.

43 Hugh Heclo, "Hyperdemocracy," *Wilson Quarterly*, Vol. 23, No. 1 (Winter, 1999), pp. 62-71.

第二章　中文文字計數研究中的萃取詞彙問題

郭豐州　東吳大學資訊科學系

摘　要

英國學者Leval等人利用文字計數的方法，從政黨的宣言中萃取出政黨定位，該方法獲得的結果與傳統人工方式去解析政黨發布的文章所得結論一致，但是相對而言，以電腦來進行文字計數工作，需要花費的時間與成本均較低。這個研究成果，開啟了文字計數的方法，是否也可以適用在中文世界的探討研究。

文字計數在分析中文文句時，首要克服的是中文文字與西方文字的結構性差異：英文文章中只要兩個空格中間的字母的集合，或者是一個空格和一個標點符號間的字母的集合，即是一個字；而中文文章結構中沒有空格，而且詞是中文表達意涵的基本單位，一個有意義的詞可能是單字詞，也可能是多個單字組合而成。如何在中文文句中萃取出詞彙來，是一個重要課題。本文中比較兩種萃取詞彙的方法：「長詞優先法」與「由下而上合併演算法」，並以《中國時報》1999年8月1日和2日的社論為例，說明實驗結果。研究發現「由下而上合併演算法」雖然萃取出來的詞彙較少，但是雙字詞以上的有實質意涵的字彙較多，演算法執行時也較有效率，在進行中文文字計數研究時較具實用價值。

壹、前　言

一、當前文字計數的研究

英國學者Laver等人（Laver, Benoit, Garry 2003）提出「不去理解與解釋政治的文章內容，而單從文章中出現的文字計數（word scoring）去估算，得出政策位置的一種新方法」。他們使用這種方法得到的結果，和原先以傳統文本分析方法去估計的，並且已經公布的英國和愛爾蘭的政黨在經濟和社會政策綱要上的政策位置相同。

在此之前，分析政黨政策位置是一件勞力密集的工作，以「政黨宣言比較專案」（Comparative Manifestos Project）為例，該專案自從1979年開始至千禧年為止，已經運用受過訓練的人力去分析二戰後52個國家632個不同政黨的2,377篇政黨宣言。另一種方法是利用電腦去比對事先設定好的一本該領域辭典，找出在辭典中有的詞，再以人工去分析判斷。雖然利用電腦，但是仍需要人力的參與，當然也無法免除工作人員可能的主觀成見產生有爭議的判斷結果。

文字計數的過程是把文件分兩類，第一類稱為「參考文件」（reference text），第二類文件稱為「原始文件」（virgin text），條件是這兩種文件必須是同樣性質的文件。使用者必須先對參考文件設定一個分數，例如1至10的範圍內設定5分，然後把兩份文件都交給電腦去計數文件中出現的文字頻率，再經過統計方法的計算，得出在參考文件是5分的前提下，原始文件應得幾分。

二、文字計數技術的貢獻

此方法的核心目標，是使用計算機透過分析文本作為數據，使人為干涉減到最小，因而省去傳統文本分析的時間與人力。與任何以前用來從政治文本中抽出政策位置的方法不同，該方法允許「不確定測量」

（uncertainly measure），也就是不需對參考文件的分數有精確的估計，允許分析者只需設定一個粗估分數判斷，電腦可以算出兩份文件在數線上相對的位置。

Benoit等人（Benoit & Laver, 2002）除針對政黨的宣言進行文字計數研究外，也延伸應用於國會中，對各個國會議員的發言紀錄去估算政治定位。他們針對58篇1991年10月愛爾蘭國會討論由芬納黨（Finna Fail）與民主進步黨（Progressive Democrats）組聯合政府正反兩種意見辯論紀錄進行文字計數，去估算每一位發言的國會議員的政治定位。結果證明該方法成功地為發言者找出在政治光譜中的位置。

三、在非英語環境的應用

這種方法也已經應用到一種非英語的環境，成功地分析德國政黨的政策位置（Laver, Benoit, Garry, 2003），「印證了文字計數方法『不去理解文章中的文字內容』的原則」。

2004年在拉耶根舉行的「未來歐洲共同聯盟的憲章」會議中，共有來自28個不同國家197個代表提出了6,474篇發言紀錄，如果以人工處理這麼大量的文件，耗費的時間與人力恐怕無法想像。Benoit等人（Benoit, Laver, Arnold, Pennings, Hosli, 2005）應用文字計數方法，在短時間內建立了一份各國代表發言內容的偏好地圖（map of preference），而得到反對成立一個中央集權的歐盟憲章的結論。充分顯示了該方法原始的精神，就是即使對陌生的語言，不必去理解內容，也能成功估算出政治定位，並且徹底發揮節省時間和節省人力的優勢。

貳、中文文字計數的問題與對策

詞是中文中表達意涵的基本單位，它可以是單字詞、雙字詞，甚至到八字詞也有。從文章成串的文字中萃取出有意義的詞，即稱「斷字」或「分詞」（word segmentation）。文庭孝等人（文庭孝、邱均平、侯經川，2004）「進行中文語詞自動切分，是以電腦處理中文資訊的第一步，也是計算機科學界、語言文字學界和資訊管理學所面臨的難題」。此一瓶頸的克服，是電腦了解自然語言、人工智慧、資訊檢索、機器自動翻譯、機器自動摘要和機器自動分類等領域突破的關鍵。目前中文世界裡現有分詞方法超過二十種，歸納起來可粗分為三大類：

一、機械分詞法

以辭典為基礎的分詞方法。必須要在辭典中有該字詞，才能取出該詞。屬於這一類的方法有長詞優先演算法、詞頻統計法、逆向最大匹配法等。這一類方法的缺點有二：(1)新詞增加迅速，尤其網際網路發達之後，衍生了許多新語詞，例如「火星文」。或者因為外來文化的輸入而直接採用的外來語，例如「公仔」。辭典必須隨時增加新詞，否則無法有效的進行精確的分詞。(2)領域專有名詞問題。隨社會與科技不斷創新，各個領域每天都出現不少新名詞或者舊詞有新意，例如英特爾公司推出微處理器Pentium4是新創的字詞；又例如微軟公司新推出作業系統名稱為Vista，原意為「展望」，現在需要以「Windows Vista」出現才有意義。所以不同文章必須使用不同領域的語料庫比對才有意義，使用一般用語的辭典就不能得到理想的分詞結果。

二、語意分詞法

引用語意分析，對自然語言的語言資訊進行處理。屬於這一類的有後綴分詞法、知識分詞語意分析法、語法分析法等。例如後綴分詞法試圖避免機械分詞法因為沒有完備的辭典能涵蓋所有的字詞，導致無法根本解決「錯分」，尤其是「歧異字」的劃分問題，而捨棄辭典，以字詞出現頻率的統計的方法去計算。其基本的想法是組成一個詞的中文字串會在文章中重複出現。但是趙鐵軍等人（趙鐵軍、呂雅娟、于浩、楊沐昀、劉芳，2001）也指出「自然語言並不是一套文法嚴格的系統，難以用一套完整的規則，去準確地預測中文文本中出現的各種變異」。

三、人工智慧法

又稱理解分詞法，以電腦人工智慧處理文字訊息的模式。兩種不同的方向，一種是基於心理學的符號處理，模擬人腦推理，經過符號轉換從而進行解釋性處理。另一種方式是基於生理學的模擬方法，模擬人腦中神經網路的運作機制來處理文字字串。這兩種不同方向的研究產生專家系統分詞法和神經網路分詞法。目前的人工智慧只能模擬人腦複雜運作的一小部分，因此還沒有出現令人滿意的結果。

歸納起來中文自動分詞在進行時最關鍵的兩個問題是：新詞的辨識與切分歧異的消除（Chen & Liu, 1992）。Ma等人指出（Ma & chen, 2003）「根據統計，一般的文章中約有3%到5%的未知新詞，新聞類的文章更是遠高於此」。而某些類型未知新詞的詞構非常複雜，也不一定具有強烈的統計特性。因此未知新詞的辨識是中文語言處理上，一個重要但是困難的研究課題，所以一個演算法的優劣即在對未知新詞的識別能力，該能力對於其分詞結果的正確率將有很大的影響。另一方面，自動分詞演算法多利用語料庫中收錄的詞和文本做比對，找出可能包含的詞，由於存在歧義的切分結果，因此許多的中文分詞方法在研究如何解決分詞歧義的問題。

由於並不存在任何一個語料庫或方法可以盡列所有的中文詞，當處理不同領域的文件時，領域相關的特殊詞彙或專有名詞，常常造成分詞系統因為參考詞彙的不足而產生錯誤的切分。為了解決這個問題，最有效的方法是補充領域語料庫，加強詞彙的搜集。領域詞彙多出現在該領域的文件中而少出現在其他領域，因此抽取詞時多利用此特性。但是出現頻繁的詞彙比較容易抽取，少數出現頻率不高的新詞就必須即時線上辨識。因此我們尋找的演算法的目標，是該演算法必須是具有「新詞辨識能力」的中文斷詞系統，它可以自動抽取新詞建立領域用詞，或線上即時分詞功能。

本研究比較了兩種中文斷詞演算法。第一種是「長詞優先演算法」（maximum matching）（Wong & Chen, 1996），它的原理是將從第一個字起的字串與一個很大的詞彙庫所儲存的詞項做比對，藉以找出所有可能的斷法。如果初步找出的可能組合都是語料庫中的詞項，就選擇長度最長的詞。然後再從下一個字開始重複同樣的流程。「長詞優先演算法」原理最簡單，但是需要有一個完整的詞彙庫，對於時常增加新字的領域的文件（如新聞）辨識效果就較差。

第二種方法是「由下而上合併演算法」（bottom-up merging algorithm）（Ma & Chen, 2003），它的作法是先經過初步斷詞後，絕大多數的未知詞會被斷成較小的單位，即此未知詞的詞素，在接下來的步驟中，將這些詞素重新組合成未知詞。由於99%的未知詞其詞構當中至少會有一個單字的詞素，由此判斷是否能和其相鄰的字詞合併成未知詞。針對一些特定類型的未知詞，如：中國人名，歐美譯名，複合詞等作詞構分析（Chen & Bai, 1998），剩餘的還未被辨識出來的新詞，則交給「由下而上合併演算法」做最後的判斷。

以一篇文章中出現「郝龍斌當選」一串字為例，最後分詞的結果應是「郝龍斌」「當選」，過程以**圖2-1**表示。

此演算法可以解決遇到新詞的問題，原理是新詞彙往往在該篇文章中扮演了的關鍵角色。例如今天報端第一次出現新詞「馬修」，語料庫中雖然沒有「馬修」這個詞彙，但在這則報導「馬修」的新聞文章當中，「馬修」會出現相當多次。因此善用文章本身的統計訊息是此演算法的特點。因為許多未知新詞像「國親聯盟」、「陸娘」、「立法院三寶」、「蘇修」等等類型複雜且多變，但是由於未知新詞常是該篇文章中重要的主題，出現頻率往往很高。因此如果修正以前「以語料庫統計為主，文本的

假設：未知詞「郝龍斌」出現三次，未知詞「當選」出現兩次，未知詞「郝龍斌當選」出現一次。

第一次分詞結果是：郝（？）龍（？）斌（？）當（？）選（？）

③ 3 1 2

第二次演算結果：郝龍　斌（？）當（？）選（？）

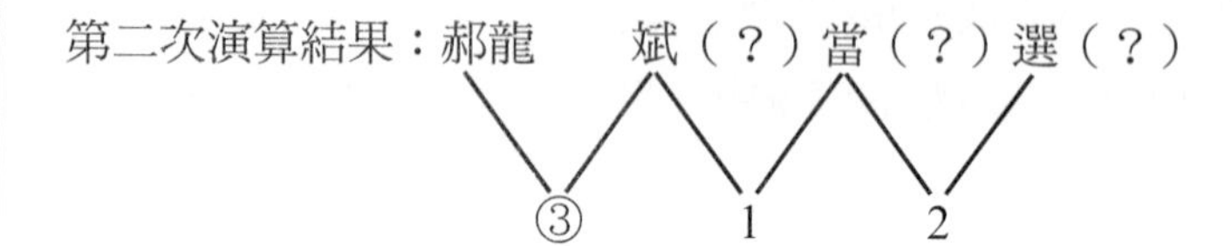

第三次演算結果：郝龍斌　當（？）選（？）

②

最後結果：郝龍斌當選

圖2-1 中文斷詞之演算過程暨實例

統計為輔」的作法，改成「文本的統計為主，而以語料庫統計為輔」，這樣以文本統計為主的設計，對於類似新聞這種隨時出現新詞彙的文章分詞時更具效果。

叁、實驗設計

以1999年8月1日和8月2日的《中國時報》社論本文來舉例說明，這二份標題分別為「兩岸陷僵局波濤起伏難避免」和「談高鐵與國際金融大樓兩案的善後問題」，社論文件全文在轉成文字檔後分別饋入兩套自動分詞程式，得出單字詞至五字詞，然後再以Excel統計出各長度個數報表。

表2-1 兩方法以1999/8/1-2《中國時報》社論為分詞對象結果數目比較

	長詞優先演算法	比重	由下而上合併演算法	比重
單字詞	448	61.6%	137	22%
雙字詞	251	34.5%	432	68.6%
三字詞	23	3%	46	6%
四字詞	5	0.6%	13	2%
五字詞	0		2	0.3%
六字詞	0		0	
七字詞	0		0	
八字詞	0		0	

表2-2 長詞優先演算法以1999/8/1-2《中國時報》社論分詞對象結果

分類	詞
雙字詞	中共，可以，由於，至於，首先，方退，經濟，一步，一些，一定，一段，一座，了一，二年，下台，下游，上下，上升，凡此，大大，大半，大受，大型，工商，工程，已失，才好，才使，不久，不只，不如，不安，不宜，不看，不致，不能，不高，中止，中共，中程，之三，之而，之後，之路，仍在，公司，分化，切莫，化工，升高，及早，反而，太大，心理，文字，方向，方面，方案，比高，令人，出售，加上，加快，功能，可由，可在，可能，召開，另一，只有，台北，台海，必然，本市，未必，生中，用武，由於，目前，矛盾，交流，交通，亦有，仲裁，再加，再度，同意，各大，各方，各界，因此，因素，地下，地上，地雷，在此，在前，在看，多人，如此，如何，安全，安定，成功，收回，此次，此案，百孔，考量，而作，而言，自我，自建，至此，至於，至深，行使，行政，作了，利可，利用，利金，努力，妥善，完工，完成，局面，形成，形象，更易，求解，走上，迄今，事件，依法，例如，具有，其一，其二，其中，其反，其次，取得，和平，固然，定位，定案，尚未，幸好，披露，明白，武力，武器，武警，法律，者有，股市，表示，金融，阿布，非常，保留，前天，前次，南北，宣布，很大，思考，持不，政府，政治，政策，既已，是否，是美，甚至，甚或，相信，突然，若干，若果，英雄，要求，重大，重回，重演，降低，值得，原先，害我，恐怕，挽回，挫折，效益，效率，案子，案例，海上，特殊，破了，耗用，脆弱，起伏，退回，追求，高估，高度，高限，停工，做法，偏僻，商榷，基本，基隆，接手，措施，族群，旋即，清楚，疏失，第二，被迫，速度，逐步，都在，都要，陷入，最大，最近，最後，喘息，媒體，提升，提早，

（續）表2-2 長詞優先演算法以1999/8/1-2《中國時報》社論分詞對象結果

分類	詞
雙字詞	曾有，期待，期限，朝野，棘手，硬著，程序，善後，董事，解除，精神，僵局，僵持，慧眼，遭到，遵守，避免
三字詞	BOT，一方面，七十年，二〇七，千五百，不可能，不能不，切不可，包括了，台北市，外交上，市中心，打交道，民航局，交通部，再一次，汪道涵，前一段，很可能，能不能，基本面，都可以，辜振甫
四字詞	一九九六，三分之一，世界第一，四分之一，高速公路

表2-3 由下而上合併演算法以1999/8/1-2《中國時報》社論對象分詞結果

分類	詞
雙字詞	一些，一定，一段，一點，二年，下車，下游，上升，大大，大半，大型，大為，大樓，大選，工商，工程，不久，不可，不如，不安，不宜，不能，不斷，中止，中共，中國，中程，之後，什麼，內部，公司，公路，分化，切莫，升高，及早，反而，反對，反應，心理，文字，方向，方面，方案，世界，出售，加上，加快，功能，包括，包商，可以，可能，可觀，召開，只有，只是，台北，台海，台鐵，台灣，外交，失去，市場，必然，必須，未必，未來，民間，由於，目前，矛盾，交流，交通，仲裁，企業，再度，危樓，危機，同時，同意，各界，因此，因為，因素，因應，回頭，回應，回歸，地區，如此，如何，安全，安定，成為，成敗，收回，有待，有限，有意，考量，考慮，考驗，自我，自建，至於，行車，行使，行政，估計，作罷，利用，利潤，努力，即將，否則，妥協，妥善，完工，完成，局面，形成，形象，形勢，我方，我們，我國，折衝，攻擊，更易，更為，決標，走上，事件，事實，依法，依據，使得，例如，來自，來訪，兩岸，具有，其一，其二，其中，其次，刻正，協議，取得，和平，固然，始終，定位，定案，尚未，幸好，延長，所謂，承諾，披露，明白，武力，武器，武警，波濤，法律，治絲，社會，空間，糾紛，股市，表示，表態，金融，非常，信義，保留，保證，前天，南北，宣布，建設，建議，思考，挑戰，挑釁，政府，政治，政策，施壓，既已，是否，為了，為大，甚至，甚或，相信，相當，看好，看來，突然，美國，背書，若干，若果，英雄，要求，計畫，軍事，軍售，重大，重回，重視，重演，限制，降低，面對，面臨，風雲，風險，飛航，首先，值得，剛剛，原先，原則，原是，展開，恐怕，挾持，挽回，挫折，效益，效率，時候，時間，案子，案例，特殊，笑話，耗用，耗費，脆弱，航高，討論，起伏，迷思，退回，退讓，追求，高估，

（續）表2-3 由下而上合併演算法以1999/8/1-2《中國時報》社論對象分詞結果

分類	詞
雙字詞	高度，高速，高樓，高鐵，停工，停滯，停辦，做法，偏僻，動工，動用，商榷，商譽，問題，國家，國會，國際，堅持，基本，基於，基隆，基礎，將近，強度，從無，情勢，捲入，接手，接駁，措施，族群，旋即，清楚，現在，異常，疏失，第一，第二，統獨，處理，被迫，許多，設定，責任，連帶，速度，逐步，陷入，最近，最後，喘息，單純，場站，媒體，尋求，復原，提升，提早，揚棄，景觀，期待，期限，朝野，棘手，渡過，焦點，無非，無解，無疑，發包，發生，發表，發展，發酵，程序，給予，善後，虛名，費時，超過，進入，進行，進駐，順利，傷害，匯市，意義，意願，想見，損失，業主，業者，準備，節制，經費，經濟，經驗，補償，解決，解約，解除，解釋，試圖，資本，資金，違反，過去，過於，過度，預示，預算，實際，實質，對立，對峙，對策，演習，演變，滿意，漫長，漁船，精神，緊張，維持，與否，製造，認為，說明，遠遠，僵局，僵持，增資，影響，慧眼，樂觀，編列，衝突，衝擊，複雜，談判，諸多，賠償，適當，遭到，震盪，擔憂，整體，機會，興建，融資，辦法，遵守，選舉，隨之，壓力，應變，擬定，總統，舉國，避免，擴大，擾攘，轉圜，雙方，雙邊，懲罰，關注，關係，難以，嚴峻，籌措，籌碼，鐵路，顧慮，權利，變化，變成，顯示，顯然，觀察
三字詞	一口氣，一方面，一連串，七十年，大規模，大都會，大樓案，不可能，不致於，不能不，不盡然，另方面，台北市，台灣股，市中心，打交道，民航局，交通部，再一次，地下化，地上權，地雷股，汪道涵，為勝選，計畫區，候選人，海協會，海基會，能不能，國務卿，國務院，基本面，辜振甫，進一步，亂投醫，新華輪，經濟面，董事長，董事會，解約權，銀行團，談判桌，歷年來，融資案，還不是，權利金
四字詞	二〇七億，三分之一，四分之一，百孔千瘡，阿布萊特，討價還價，得寸進尺，掉以輕心，無利可圖，硬著頭皮，適得其反，總而言之，變幻莫測
五字詞	1996年，三千五百億

此外，為比較程式執行效率，我們以1999年《中國時報》一整年365則的社論標題為對象，分別以兩種演算法計算，來比較時間與得到的全部字詞數目，結果如**表2-4**：

表2-4 以1999年《中國時報》一整年的社論標題為對象的演算法執行時間比較

方法名稱	長詞優先演算法（分/秒）	由下而上合併演算法（分/秒）
程式執行時間	10:21.30	05:30.11
關鍵字字數	10902	8711

肆、結果討論

茲將以上兩種演算法得到的結果討論於下：

一、單詞在中文的意涵較少，因此固然長詞優先演算法得到字詞較多，但多屬單字詞，占61.6%（見表2-1），由下而上合併演算法得到的單詞僅占22%，雙字詞以上占多數。中文中單詞雖然也有意義，但是除了「了」「的」等語意停頓字（Stop Word）外，多屬一個詞中的一部分。換言之，後者萃取的單字詞較少，而雙字詞以上較多，代表的意義是該演算法能找出的詞彙能力較強。雖然Laver等人的作法是不去理解文件中每一個字的意義，僅對每一個字出現的頻率做統計，不過基本上英文中每一個字都有意涵。但是中文環境裡，仍須找出具有意涵的詞去參與計數，才不違背文字計數的基本理念。

二、中文的詞彙組成的單字個數愈多，字串長度愈長，該詞彙所蘊含的意義愈豐富，從表2-2、2-3得知由下而上合併演算法比長詞優先演算法，得到更多雙字詞與雙字詞以上的詞彙。即使我們拿其他資料去實驗，結果也是如此。此處限於篇幅，僅以《中國時報》兩天〈社論〉為例說明。

三、就執行效率而言，由下而上合併演算法的執行時間較短（見表2-4），我們曾嘗試以多份內容多寡不一的資料來比較，但沒有得到兩種方法執行時間關係的公式，不過，概括的結論是：由下而上合併演算法執行時間大約只有長詞優先演算法的一半，資料量愈大，由下而上合併演算法愈顯現出較好的執行效率。

四、經自動分詞程式執行結果，我們經過七位文字計數研究者閱讀全文，比對自動分詞的結果，得到的結論是由下而上合併演算法萃取的字彙較具文字意涵，即使刪去少數公認無意義的詞彙，由下而上合併演算法仍得到較多有意義的詞彙。

伍、結論與未來研究方向

自動分詞是文字計數的第一道手續，我們實驗結果發現，以由下而上合併演算法來進行自動分詞所需時間最短，所得的詞彙也較富有意涵，是目前最適合Laver等人提出的文字計數演算過程的自動分詞演算法。

有了良好的分詞結果，文字計數的研究才得以展開，目前我們中文的文字計數的研究，正進入與傳統人工方式研究成果比對階段，如果大規模實驗結果發現，以電腦進行文字計數和人工文本分析的結果相同，才能真正驗證文字計數方法在中文領域裡亦具實用價值。

未來的研究可以朝以下的方向進行：首先是自動分詞技術的再提升，目前的機械分詞法、語意分詞法和人工智慧法三方向都有研究者不斷提出修正新方法，但是只能達到尚令人滿意的結果，我們應隨時注意該領域的發展，採用更好的分詞技術，萃取出更合理的字詞，進而提升文字計數方法的有效性。另外從文字計數手續中，得到字詞出現頻率後的統計技術可以持續再修正，以得到更具科學意義的解釋。

參考文件與原始文件的關係也是研究課題，目前的兩份文件資料必須在同一時空下才能得到合理的結果，如果加入時間變數，參考文件與原始文件都是古籍文件或一古一現代文件的文字計數會產生的結果，尚待完整的解釋。在取得證明該方法正確的科學證據後，可以應用在更多領域，諸如立法委員的政策辯論內容的定位，或應用於廣告文辭的分析、媒體政治立場變動分析等研究上。

參考書目

中文部分

文庭孝、邱均平、侯經川（2004），〈漢語自動分詞研究展望〉，《現代圖書情報技術》，第7期，頁6-10。

張長利、赫楓齡、左萬利（2004），〈一種基於後綴數組的無辭典分詞方法〉，《及林大學學報》，第42卷，第4期，頁548-553。

趙鐵軍、呂雅娟、于浩、楊沐昀、劉芳（2001），〈提高漢語自動分詞精度的多步處理策略〉，《中文信息學報》，第15卷，第1期，頁13-18。

英文部分

Chen, K.J. and S.H. Liu (1992), "Word Identification for Mandarin Chinese Sentences," Proceedings of COLING 1992, pp.101-107.

Chen, K.J. and Ming-Hong Bai (1998), "Unknown Word Detection for Chinese by a Corpus-based Learning Method," *International Journal of Computational linguistics and Chinese Language Processing,* Vol.3, No.1, pp.27-44.

Chen, K.J. and Wei-Yun Ma (2002), "Unknown Word Extraction for Chinese Documents," Proceedings of COLING 2002, pp.169-175.

Kenneth Benoit and Michael Laver (2002) "Estimating Irish party positions using computer wordscoring: The 2002 elections," *Irish Political Studies,* Vol.18, No.1, pp.97-107.

Kenneth Benoit, Michael Laver, Christine Arnold, Paul Pennings, and Madeleine O. Hosli (2005), "Measuring National Delegate positions at the convention on the future of Europe using computerized word-scoring," *Europe Union politics*, Vol.6, No.3, pp.291-313.

Michael Laver, Kenneth Benoit, and John Garry (2003), "Extracting policy positions from political texts using words as data," *American Political Science Review*, Vol.97, No.2, pp.311-331.

Michael Laver and Kenneth Benoit (2002), "Locating TDs in policy spaces: Wordscoring Dáil speeches," *Irish Political Studies,* Vol.17, No.1, pp.59-73.

Pak-kwong Wong and Chorkin Chan (1996), "Chinese word segmentation based on maximum matching and word binding force," International Conference On Computational Linguistics Proceedings of the 16th conference on Computational linguistics, Vol.1, pp.200-203.

Wei-Un Ma and Keh-Jiann Chen (2003) "A bottom-up merging algorithm for Chinese Unknown word extraction," Proceeding of the second SIGHAN workshop on Chinese language processing, pp. 31-38.

第二篇

資訊科技在國際關係議題之應用

第三章　科技在恐怖主義與反恐行動中所扮演的角色

宋興洲　東海大學政治學系

壹、何謂恐怖主義？

今天，全球性恐怖主義，正像過去時代的恐怖主義，很難給予簡單的解釋。恐怖主義之所以很難界定，是因為「不是只有一個，而是有許多不同的恐怖主義」[1]。傳統上，就只是針對恐怖主義的定義而言，先不管是否有一個廣泛被接受的操作性定義，學者們就意見不一（confounded），常為辯論的焦點[2]，甚而有關恐怖主義的研究也引起批評[3]。簡單的說，恐怖主義沒有一個單一或普遍被接受的定義。許多批評者認為，在界定恐怖主義行動和類別的這種行為本身，就具有政治性意義。因此，即使只就定義的同意上的這種作為就已經政治化了，導致在追蹤恐怖活動的方法上有不同的選擇。鑑於這種困擾，有些學者則試圖不從定義上著手（因為具政治性和爭議性），而將焦點放在恐怖主義的分類上，包括戰術（tactics）、動機（motives）和恐怖分子行動相關的變數[4]。

不過，在「恐怖主義」、「游擊戰」、「傳統戰」和「犯罪活動」之

---

1 Walter Laqueur, *The New Terrorism: Fanaticism and the Arms of Mass Destruction* (New York: Oxford University Press, 1999), p.46.

2 例如，H. H. A. Cooper, “Terrorism: The Problem of the Problem of Definition,” *Chitty’s Law Journal*, Vol. 26 (1978), pp. 105-108; J. Schmid and J. de Graaf, *Violence as Communication: Insurgent Terrorism and the Western News Media* (Beverley Hills, CA: Sage, 1982); I. O. Lesser, B. Hoffman, J. Arquilla, D. Ronfeldt, and D. Zanini (eds.), *Countering the New Terrorism* (Santa Monica, CA: Rand, 1999).

3 例如，R. Dreyfuss, “The Phantom Menace,” *Mother Jones*, September/October (2000), pp. 40-45, 88-91; E. S, Herman and N. Chomsky, *Manufacturing Consent: The Poltical Economy of the Mass Media* (New York: Pantheon, 1988); A. P. Schmid, *Political Terrorism: A Research Guide to Concepts, Theories, Data Bases, and Literature* (New Brunswick, NJ: Transanction, 1988); M. Wieviorka, *The Making of Terrorism* (Chicago: University of Chicago Press, 1988).

4 James David Ballard, Joseph G. Hornik, and Douglas McKenzie, “Technological Facilitation of Terrorism: Definitional, Legal, and Policy Issues,” *American Behavioral Scientist*, Vol. 45, No. 6 (February 2000), p.990.

間區分，我們會發現有點模糊。恐怖主義分子的戰術（tactics）常常在戰爭中使用，而暴力罪犯所使用的戰術則與恐怖分子沒有兩樣。採用鎮壓方式統治的政權，對那些反抗、顛覆的人士會稱之為恐怖分子，但那些試圖推翻高壓政權的人民則自稱自由鬥士。

基本上，「恐怖主義」（terrorism）這個名詞帶有負面的涵義。任何人和組織一旦被貼上「恐怖分子」的標籤，他們的地位自然貶謫。任何政治或宗教運動如果被貼上這種標籤後，追隨者或資金來源就會大量流失。即使民主國家的公民，在面對以「反恐怖主義」為名義的情況下，此時願意接受政府壓迫性的活動。由於「恐怖主義」常常與「恐怖」（terror）這個名詞交替使用，更引起定義上的混淆。許多活動，從戰爭、青少年幫派破壞鬧事、到撰寫科幻小說，都表示以恐怖打擊敵人（或讀者）。在這種情境及脈絡下，有關恐怖主義潛在定義的範圍就相當大了。

文獻中，恐怖主義的定義超過一百個以上[5]。例如，楨肯斯（Jenkins）把恐怖主義定義為「使用或威脅使用武力以達到政治的目的」[6]。拉科爾（Laqueur）則把楨肯斯的定義擴大，包括以無辜民眾為攻擊目標[7]。而界定恐怖主義最主要的方式則是從法律的角度看待[8]。美國聯邦調查局（FBI）在其網站上把恐怖主義定義為「對個人或財產非法使

---

5 Laqueur, op. cit., p.5.

6 引自Jonathan R. White, *Terrorism: An Introduction* (Belmont, CA: Wadsworth, 1988).

7 Walter Laqueur, *The Age of Terrorism* (Boston: Little Brown, and Company, 1987), p.72.

8 例如，James D. Ballard, *Terrorism and Poltical Policy: Crisis and Policy Making Indicators in the Media during Legislative Action*. Unpublished doctoral dissertation, University of Nevada, Las Vegas (2000); K. Mullendore and J. R. White, "Legislatin Terrorism: Justice Issues and the Public Forum." Paper presented at the Academy of Criminal Justice Science, Las Vegas, NV (March, 1996); U.S. Department of Justice, *Terrorism in the United States* (Washington, DC: U.S. Department of Justice counterterrorism Threat and Assessment and Warming Unit, National Security Division (1998).

用武力或暴力，以恐嚇（intimidate）或強迫（coerce）某個政府、全體人民、或其中部分人群，以促進其政治或社會目標」[9]。另外，美國聯邦調查局指出「在任何較大的社會脈絡中，恐怖分子只代表一小群少數的犯罪者」[10]。

某些定義特別包括宗教動機，其他的定義則包括心懷仇恨、相信千禧年到來（millenarian）及秉持天啟想法（apocalyptic）的團體。一些定義僅指涉非國家行動者，而其他則包括由國家所贊助的恐怖主義。當然，恐怖主義少不了團體組織，但某些定義則涵蓋個別的行動者。

事實上，界定恐怖主義的困難並不是新鮮事。庫柏（Cooper）提到，「自這個主題開始引起嚴肅的注意時，就從來沒有出現過黃金時代，可以容易地界定恐怖主義」[11]。而恐怖主義的意義，則鑲嵌（embedded）在個人哲學或國家哲學之中。因此，決定什麼是「正確」的恐怖主義則非常主觀。庫柏並不想嘗試達成一個對恐怖主義下明確定義的共識，他只是主張，我們「不再能存有幻想，認為一個人的恐怖分子就是另一個人的自由鬥士。爭取自由也許是某個人（他或她）的目的，但如果這個任務的執行是使用恐怖分子的方式，那麼這個人仍然算是個恐怖分子」[12]。因此，撇開定義上的混淆與爭辯，我們應當把焦點放在恐怖主義的行動上，以及其與文化、宗教、歷史、政治、經濟及意識型態之間的關係上，涵蓋的範圍則包括：國家贊成（支持）的恐怖主義、國內次級性恐怖主義、國際跨國性恐怖主義、本國產生的恐怖主義、個人恐怖主義、團體恐怖主義等。

---

9 引自Pamala L. Griset and Sue Mathan, *Terrorism in Perspective* (Thousand Oaks, CA: Sage Publications, 2003), p.xiii.

10 U.S. Department of Justice, *Terrorism in the United States* (Washington, DC: U.S. Department of Justice counterterrorism Threat and Assessment and Warming Unit, National Security Division (1995), p.iii.

11 H.H.A. Cooper, "The Problem of Definition Revisited," *American Behavioral Science*, Vol. 44 (2001), p.881.

12 Cooper, op. cit., p.887.

貳、科技與恐怖主義

如果把恐怖主義界定為「有系統地和預謀地使用暴力或威脅使用暴力以追求政治性引發的目標」，那麼恐怖主義又被稱為「弱者的武器」。由於攻擊時不可預料，事件發生後除了立即受害者外也恐嚇到更多的群眾（或觀眾），因而一小群恐怖分子可以影響民意，並進而影響了軍事強大國家的政策。歷史上，暗殺或公開刺殺成功就足以產生這種恐懼，但今天恐怖分子不但攻擊的對象要廣，而且所採取的方式也較新穎。就像所有現代戰爭一樣，軍事科技的提升更擴大了恐怖分子（團體）運作的可能性及攻擊的規模。也正因為科技（爆炸性裝置、化學和生物武器），恐怖分子的攻擊不但造成「高度衝擊」（high impact），而且未來對大眾的暴力威脅也變得愈有可能。

除了軍事科技在恐怖主義中扮演著重要角色外，科技在恐怖分子可能的活動中也會有更大的影響。眾所皆知的是，科技已經幾乎影響了現代人類生活的每個層面：運輸系統可以便利人們在很短的時間內跨越世界各地；貿易和生產分配系統可以穿越幾千英哩之外，把物品遞送給消費者；電力和自來水供應網絡，讓能源和乾淨飲用水只要透過開關和水龍頭，就可方便取得和使用；以及國際資訊分配系統可以透過網際網路的連結性，讓每個電腦使用者能各取所需。雖然科技在這些方面的進步促成了人群間的相互連結（interconnectedness）和相互依賴（interdependencies），但相對地，現代社會也愈來愈容易受到恐怖主義的傷害。諷刺的是，每有任何（科技）進步而改善我們的生活品質時，總是相對地帶來新的傷害性（new vulnerability）：飛機可能爆炸；下過毒的消費者產品，可以效率地傳送到許多潛在的對象手中；發電廠可以被破壞（或摧毀）導致城市頓時處於黑暗當中；以及網際網路網站容易受到駭客入侵、玩弄、擅改或直接攻擊。

科技雖然在恐怖分子威脅的能力和效果上具有關鍵性的作用，但科技也在改進反恐怖主義上是個主要趨動者。為了對應隱藏性武器的威脅，偵察設備，如金屬偵測器和X光機具，則被裝置在易受攻擊和吸引恐怖分子注意的地方。由於恐怖分子可能使用生化武器，所以反恐怖主義研究的一個目標，即是發展出方法來偵測並擊敗這些新的威脅。除了偵察技術外，現代電腦系統有能力蒐集資訊、分析資料以整理出型態，並讓各個國家執行法律進行調查，這些都是在對抗恐怖分子團體的重要依靠。這種科技在恐怖主義和反恐怖主義之間的關係，可以說是現代武器競賽中最重要的部分，但這並不是指在超級強國之間比賽飛彈的製造和設立，而指的是在小團體和國家之間相互競爭彼此的能力，一方是要做壞事，另一方則是要防止低強度的衝突[13]。換句話說，這種科技在恐怖分子和反恐怖行動之間的競爭，霍夫曼（Hoffman）稱之為「技術上的踏車」（the technological treadmill）[14]，道高一尺魔高一丈，一來一往，單調且重複。

叁、國際恐怖主義的演進

研究恐怖主義的歷史等於是研究人類文明的歷史。從西元前44年凱撒被刺殺起到2001年9月11日恐怖分子劫持民用航機撞擊紐約世貿中心，亦即所謂911事件，導致二千七百五十人喪生[15]，恐怖分子可以說是人類經驗中許多重大（monumental）事件的原因。恐怖主義已經是世界上幾乎

13 Brian A. Jackson, “Technology Acquisition by Terrorist Groups: Threat Assessment Informed by Lessons from Private Sector Technology Adoption,” *Studies in Conflict and Terrorism*. Vol. 24 (2001), p.184.

14 Bruce Hoffman, *Inside Terrorism* (New York: Columbia University Press, 1998), p.180.

15 Chris Brown,“Reflections on the ‘War on Terror’, 2 Years on,” *International Politics*, Vol. 41 (2004), p.56.

每個國家的歷史一部分，其產生的原因則隨著時間和地點而有所不同。不管是用短劍（短刀）、火藥、子彈或炸彈，恐怖分子總是想利用所能掌握到的科技（無論何種科技），試圖達到他們的目標。大量毀滅（mass destruction）的科技，則是目前（至少潛在地）恐怖分子極力想在其軍械庫中爭取到的武器。然而，儘管現代恐怖主義在顯示上有其變化，但其與早期年代的恐怖主義在許多方面類似。許多二十一世紀的恐怖分子組織受到百年前，甚而上千年前，所發生事件的鼓舞[16]。例如，刺殺凱撒的正當性是誅弒暴君（tyrannicide）；宗教性恐怖團體可回溯至英國的弗克斯（Guy Fawkes）[17]；國家所贊助的恐怖主義可回溯到法國大革命時期[18]；政治性恐怖主義可回溯至無政府主義者（anarchists）以及「以行動宣傳」（propaganda by deed）的鼓吹[19]；而恐怖主義與民族主義則受到「炸彈哲學」（the philosophy of the bomb）的影響[20]。

至於國際恐怖主義，遠的不說，從1960年代起，不同的團體基於不

---

16 可參考Grist and Mahan, op. cit., pp.1-44.

17 弗克斯及其夥伴密謀設立教皇取代英王，以成為英格蘭的元首，但其1605年的計畫（炸毀英國國會和暗殺國王詹姆士一世）失敗，結果他們在歡愉的民眾面前被五馬分屍。

18 大革命之後，激進的革命分子掌控政府，進而大肆逮捕、拘禁、放逐及處決民眾。

19 無政府主義者原先最主要的攻擊對象是世襲的君主和其代表或大臣。而「以行動宣傳」則是意大利無政府主義者皮撒坎恩（Carlo Pisacane）所發明的口號。他認為，大眾在忙了一整天的工作後，根本沒力氣閱讀傳單或聽演講；只有暴力的行動才會抓住人民的注意力：「觀念的宣傳就像一隻吐火獸（a chimera）。觀念來自行動，而非後者來自前者，而且人民如果受過教育就不可能自由，但如果他們是自由的則可被教育。」引自Griset and Mahan, op. cit., pp.6-7.

20 俄羅斯恐怖分子可以說是最早有系統地使用炸彈以摧毀其敵人，但一直等到半世紀後，印度恐怖分子查蘭（Bhagwati Charan）非法地散發一份宣言，名為「炸彈的哲學」（目的是宣揚民族主義和追求獨立，以脫離英國的統治），正式將民族主義與恐怖主義連結。不過，值得注意的是，印度甘地則主張以「非暴力」方式反抗英國政府。

同的原因，皆使用恐怖主義以作為改變現狀的工具。從1968年起，恐怖分子團體的數目已經增長了十倍。這些團體的方式（工具）、任務和動機則隨著時間而改變，迫使反恐怖主義組織（the counterterrorism community）也必須跟著調整。而所謂的方式（工具）則包括恐怖分子使用的資源和方法；任務則包括被設定目標的民眾、對準的受害犧牲者或設施；而動機則從傳統的定義擴大到包含政治性、宗教性和經濟性。

1970年代期間，恐怖主義普遍採用的方法可被分類為「持續性事件」（the events of duration）。這些包括劫機和人質：長期、拖長的媒體事件並包含恐怖分子在要求上與負責單位之間的談判。首先引起全球觀眾注意，其中之一的國際事件，就是1972年在慕尼黑舉行奧林匹克運動會時「黑色九月」團體（a Black September group）綁架了以色列運動員作為人質。雖然國際反恐怖主義組織理解到如何有效處理持續性事件，但這種「持續性事件」仍為某些恐怖團體繼續使用。1970年代的恐怖主義來源大部分是來自巴勒斯坦、特殊利益團體，以及那些有興趣想要擴散馬克斯哲學的國家。所使用的武器通常包括小型的炸彈和鎗砲。而恐怖分子的吸收，則是那些感到挫折和激進的大學生或活動分子，試圖尋求支持的運動。1970年代恐怖分子的目標，大部分是針對那些與特定團體有關聯的個人。所以，慕尼黑悲劇[21]是採用這種手段和途徑的典型代表。而恐怖分子的動機，大多是政治因素，而大多數的個案則不外乎是民族主義——分離分子，或是社會——革命分子。

到了1980年代，流行的方法已改為「決定性事件」（conclusive events）。這些包括炸彈及其他形式的殺害，其時機發生短暫，目的是讓反恐怖分子的武裝單位無法回應。不像1970年代，這些攻擊，一般而言，目標比較不特定。當Semtex（捷克塑料炸藥，1966發明）成為自殺炸彈者喜歡使用的材料後，1980年代所使用爆炸物的致命性已經愈來愈大。由於

21 在媒體大肆報導下，綁架者被塑造成的形象是無賴、難以理解、憤怒的阿拉伯恐怖分子。結果，恐怖分子槍殺了十一名人質。

這種塑料爆烈物容易隱藏，而威力又驚人容易致命，所以1980年代（從1982到1989），民航客機因恐怖分子置放炸彈而發生爆炸事件的有：波灣航空（Gulf Air）737，1983年9月，死亡一百一十二人；印度航空（Air India）747，1985年6月，死亡三百二十九人；南韓航空（Korean Airlines）707，1987年11月，死亡一百一十五人；泛美航空（Pam Am）747，1988年12月，死亡二百七十人；聯合航空（UTA）DC-10，1989年9月，死亡一百七十一人；以及阿維安卡航空（Avianca，哥倫比亞國營航空公司）727，1989年11月，死亡一百零一人[22]。

恐怖分子活動最積極的地區，1970年代是在西歐，而1980年代則轉移到拉丁美洲。恐怖分子在1980年代的任務，則是把目標放在西方的政治象徵（符號）上，其中部分的動機是因為伊朗剛發生伊斯蘭革命，而另外部分動機，則是因為馬克思主義信徒持續在拉丁美洲維持其力量所使然。因而，拉丁美洲左派游擊分子和毒品大梟（即卡特爾cartels，同業聯盟）之間，以及巴勒斯坦運動和伊斯蘭運動之間，均形成了共生共利的密切關係。西方國家之所以受到譴責，是因為中東地區所有的社會弊端均為西方所埋下的後果，進而促成了這些社會中感受被剝奪、憤憤不平分子和團體（如哈茲布拉〔Hezbollah〕和哈瑪斯〔Hamas〕）的鋌而走險，自願攜帶自殺式炸彈「慷慨赴義」。

過去進行的恐怖主義動機是因為政治因素，現在的恐怖主義（1980年代）則已明顯地改變，主要為了宗教和經濟的目標。伊朗成為恐怖主義的主要支持國家，提供資金給伊斯蘭基本教義分子和其他願意和邪惡西方戰鬥的團體。麻醉毒品恐怖主義（narcoterrorism）[23]也成為辭典中的新名

---

22 U.S. Congress, Office of Technology Assessment, *Technology Against Terrorism: The Federal Effort*, OTA-ISC-481 (Washington, DC: Government Printing Office, July 1991), p. 40.

23 此術語是由前祕魯總統泰瑞（Belaunde Terry）於1983年提出，指的是那可汀（narcotine，麻醉毒品）走私者，對查緝毒品的警方採取恐怖分子式的攻擊行動。

詞，反映出組織性犯罪團體（syndicated crime）和政治恐怖分子已建立起密切的夥伴關係。全世界毒品非法走私的成長，導致許多國家政府高層腐化的提升，又同時對於想要對抗這種惡勢力的人士，則相對地受到阻撓和被害。從1989年起，哥倫比亞已經有四位總統候選人、六十位法官以上，超過七十位新聞從事人員和至少一千名警力，都遭到走私者殺戮死亡[24]。

而且，恐怖分子有好幾次使用化學武器發動攻擊，主要是為了大筆金額的經濟勒索。例如，1989年從智利運往日本和美國的水果被報導已經被下過毒，結果，美國賓州費城的警方僅發現兩串塗抹氰化物（cyanide-laced）的葡萄。不過，造成的恐懼使得智利的水果產業損失了三億三千三百萬美元。據報導，1986年恐怖分子團體對斯里蘭卡輸出的茶葉下過鉀氰化物（potassium cyanide）。1984年動物解放陣線（the Animal Liberation Front）對火星公司（the Mars company）造成嚴重威脅，因為他們宣稱已對棒棒糖塗抹過老鼠藥，為的是抗議該公司以動物作為實驗品。結果，並沒有發現任何下過毒的物品，但同樣地引發恐懼，造成火星公司損失四百五十萬美元。1982年，美國開始處理與勒索相關的產品添加物，例如感冒膠囊（Tylenol）被告知已遭塗抹氰化物。1978年，亞利桑那州鳳凰城遭到威脅，如果不付出勒索款項的話，那麼自來水供應處將受污染。以上這些例子，都說明了恐怖分子以化學毒品為要脅，以達到勒索詐財的目的[25]。

24 John J. Coleman, "Statement of the Assistant Administrator for Operations of the Drug Enforcement Administration Before the U.S. Senate Subcommittee on Terrorism, Narcotics, and International Operations of the Committee on Foreign Relations," in *Recent Developments in Transnational Crime Affecting U.S. Law Enforcement and Foreign Policy; Mutual Legal Assistance Treaty in Criminal Matters With Panama, Treaty Doc. 102-15; and 1994 International Narcotics Control Strategy Report,* 21 April 1994, S. Hrg 103-606 (Washington, DC: U.S. Government Printing Office, 1994), p. 68.引自Roger Medd and Frank Goldstein, "International Terrorism on the Eve of a New Millennium," *Studies in Conflict & Terrorism*, Vol. 20 (1997), p.284.

25 Medd and Goldstein, op. cit., p.284.

1989年柏林圍牆倒場，蘇聯接著瓦解，也不再像冷戰時期暗地資助恐怖主義。不過，仍有七個國家繼續贊助恐怖主義，包括有：古巴、伊朗、伊拉克、利比亞、北韓、蘇丹和敘利亞。而1990年代的發展便是，組織性犯罪與恐怖主義的夥伴關係日益強化。哥倫比亞、秘魯的恐怖分子都與毒梟組織（如哥倫比亞的卡里販毒卡特爾〔Cali cartel〕）聯合。而且，香港的三合會（the Chinese Triads）、俄羅斯黑手黨（ the Russian mafias）、意大利黑手黨（the Italian mafias）、與各種不同的叛亂團體和恐怖分子都有連繫。許多恐怖分子團體已經與販毒走私者、罪犯、宗教基本教義團體鬆散地組成有機體。

另外，1990年代恐怖主義發展的特性是，恐怖分子在目標和武器的選擇上也愈來愈大膽和凶猛。國際恐怖分子的攻擊名單，已經擴大到包括美國本土裡高見度的西方象徵。藉著把目標放在美國境內，恐怖分子已經提高了恐懼的層次，進而提高了他們對美國外交政策的影響層面。最顯著的例子就是，1993年世貿中心的爆炸事件，不但代表了恐怖分子團體的特徵已經有所改變[26]，而且總共有一千人受傷，八人死亡。策劃這個事件的其中一些恐怖分子，與其他計劃在聯合國和紐約市的荷蘭隧道、林肯隧道放置炸彈的團體有來往和連繫。而1995年3月發生於日本東京地鐵散布神經毒氣沙林（Sarin）事件，則是由奧姆真理教（由麻原彰晃所創）所發動，結果造成十二人死亡、輕重傷害一千人，並有四千人就醫。

恐怖分子的動機在1990年代稍微有些改變。雖然1970年代的恐怖分子的主要動機屬於政治性，而1980年代恐怖分子的動機主要是宗教性，伴隨著經濟目的，而1990年代的恐怖分子則是以經濟動機為主，超越或相當於政治和宗教動機。由於組織性犯罪的影響增大，因此恐怖分子的動機轉向與其有相當程度的關係。而另外一個原因則是，各國經濟相互依賴和銀行

---

26 Steven Emerson, "The Accidental Terrorist: Coping with the New, Freelance Breed of Anti-West Fanatic," *Washington Post*, 13 June 1993, C5; 引自Medd and Goldstein, op. cit., p.285.

系統電子化的結果，經濟已經成為西方世界「柔軟的下腹部（易受攻擊的地帶）」（soft underbelly）。

並非所有以經濟為動機的恐怖主義，都採用高科技方式或與毒品相關。拉丁美洲的恐怖主義則已經轉向綁架，目的是獲得贖款。例如，據統計，1994年時拉丁美洲就有六千個綁架案件：哥倫比亞四千件；墨西哥八百件；巴西八百件；厄瓜多爾二百件；委內瑞拉二百件；瓜地馬拉一百件；以及秘魯一百件[27]。這種結果導致國際合作單位不願在該地區設立辦事處，進而傷害了當地國家的經濟。

然而，1970年代和1980年代興盛的左翼恐怖分子團體則於1990年代式微。代之興起的則是右翼恐怖主義團體。其實，左翼恐怖分子主要訴求的是經濟和政治的原因，但右翼恐怖分子的瘋狂行動，就像「911」事件被譴責的對象一樣，主要是由於宗教的狂熱。對宗教的狂熱和抱持天啟信仰的恐怖分子已日益增加。因而，拉科爾（Laqueur）認為，「新」恐怖主義不同於「舊」恐怖主義：「其目標並不是放在明確的政治要求上，而是摧毀社會及消除大部分的人口。這種新恐怖主義最極端的形式，就是意欲掃除所有它所相信的「撒旦勢力」，其中可能包括一個國家（或者全人類）的大部分人口，以成為其他、更好和完全不同人種成長的先決條件。而在其最瘋狂、最極端的形式裡，它可能把目標放在摧毀地球上的所有生命上，以作為人類犯罪的最終處罰。」[28]

根據美國國務院於2001年所指明的「外國恐怖組織」（Foreign Terrorist Organizations, FTOs）中，有一半是在中東和非洲地區。其中一些團體則獻身致力於以嚴格的伊斯蘭法來取代世俗社會，並拒絕所有西方所帶來的影響。尤其值得關注的是，伊斯蘭恐怖分子的活動已擴散到東歐、中亞和南亞。在科索沃、車臣、烏茲別克、阿富汗、喀什米爾、印尼，以

27 Medd and Goldstein, op. cit., p.285.

28 Laqueur, op. cit. (1999), p.81.

及菲律賓等地區的恐怖主義，已經與伊斯蘭教激進的詮釋相結合，把恐怖主義提升到宗教的責任[29]。

不過，需要附帶說明的是，許多美國人和歐洲人都把伊斯蘭教視為等同於恐怖主義（也就是，把伊斯蘭教和恐怖主義劃上等號）。其實，這是不正確的看法和不幸的誤解。許多回教徒，甚至大多數的基本教義派，都不是恐怖分子。反而，他們成為暴力衝突下無法抵抗的犧牲品。上千上萬的回教徒在伊朗和伊拉克兩國之間的戰爭中被殺，而阿富汗和阿爾及利亞兩國的內戰中，也造成回教徒令人生懼的死傷數目。至於俄羅斯和車臣之間的戰爭、印尼本國，以及大部分非洲和中東地區的混亂，均使得沒有參加作戰的回教徒傷亡慘重、無法估計人數。換句話說，恐怖主義已經摧殘了世界上許多回教徒和非回教徒的生命。

肆、恐怖分子的傳統戰術

阿爾布契特（Albrecht）把傳統的恐怖主義稱之為「一種共謀、對稱、相互性自殺式舞蹈」[30]。雖然目前已經進入二十一世紀，但許多恐怖分子所使用的策略和手段仍是延襲舊的模式。儘管恐怖分子「死亡舞蹈」（dance macabre）的基本型態一直不斷重複，但恐怖主義的面貌也在改變之中。新一類的恐怖分子宣稱將尋求並使用致命武器，要造成更廣大地區最大人數的死亡[31]。霍夫曼（Hoffman）認為，恐怖主義是冀望從政治和暴

29 Reuven Paz, "Targeting Terrorist financing in the Middle East." Paper presented at the International Conference on Countering Terrorism through Enhanced International Cooperation, Mont Blanc, Italy (2000, September).該篇文章可自網站上取得：www.ict.org.il/articles/articledet.cfm?articleid=137

30 Karl Albrcht, "World-wide women," *The Futurist*. www.wfs.org/louisbeam.com/leaderless.htm, p.1.

31 frank Cilluffo and Jack T. Tomarchio, "Responding to new terrorist threats," *Orbis*, No. 42-43 (1998), pp.439-452.

力交接的場域中創造權力[32]。因此，暴力（或暴力威脅）是恐怖主義實質的戰術。恐怖分子堅持，只有透過暴力，他們的主義和運動才能完成，長期的政治目標也才能實現。恐怖主義，並非不分青紅皂白或麻木不仁，而是實際上精心設計並有計畫地應用暴力。在設計上，恐怖主義是要引起注意、認知、甚至同情和支持其運動。

所有恐怖分子都有一個共同特徵：他們生活在未來之中（也就是，對未來的憧憬）[33]。每一名恐怖分子都有焦灼的急燥並堅信暴力能產生效力。恐怖分子的攻擊通常經過仔細計劃，就如按照事先規劃實施一樣。所以，恐怖分子的活動都必須持續進行，不管進展如何緩慢，甚至到最後銷聲匿跡、無影無蹤的起步也要堅持。當然，某些恐怖組織生存的機會較其他團體要來得大。歷史上，宗教運動能延續幾個世紀，但在現代的時刻裡，種族／分離主義的恐怖分子則通常生存得最久，而且也最成功。例如，武裝的回教分離叛變分子，從1940年代起在東南亞地區仍然非常活躍。雖然採取暴力的程度隨時間有所不同，但回教分離分子在挑戰其中央政府的行動上，至少有五十年以上的經驗[34]。

一、兒童作為工具

在分析恐怖分子戰術時，恐怖主義中的成員常常被忽略，但這也是最令人感到恐怖和生懼的。值此二十一世紀的開端，超過三十萬的兒童，甚至年僅七歲的兒童也包含也內，身負武裝充當戰士，其中不乏許多是被綁架後訓練而成。在世界至少三十個武裝衝突中，兒童往往被當權政府和反

---

32 Bruce Hoffman, “Terrorism trends and prospects.” In Ian Lesser et al. (eds.) *Countering the New Terrorism* (Santa Monica, CA: RAND-Project Air Force, 1999).

33 Bruce Hoffman, “The Modern Terrorist Mindset: Tactics, Targets and Technologies,” in *Inside Terrorism* (New York: Columbia University Press, 1998).

34 Griset and Mahan, op. cit., pp.191-192.

抗運動所使用的工具。不管這些衝突是否被歸類為恐怖主義，但兒童則被訓練暴力的戰術[35]。年輕的戰士參與當代政治鬥爭的所有層面。他們在戰鬥的前線攜帶AK-47和M-16，執行地雷偵測兵工作、參與自殺性任務、攜帶補給品、並扮演間諜、傳信者或警戒哨兵的角色。

由於體能薄弱、容易受到威嚇，所以兒童是最服從的士兵。例如，目前在西非洲的獅子山共和國（Sierra Leone），兒童被迫參與殘暴行動前都被強制服用藥物，以克服恐懼或消除不願戰鬥的心理。除了參與戰鬥的義務外，女孩則受到性虐待或被反抗領袖當作「妻子」。由於他們尚未成熟和沒有經驗，兒童士兵比成年士兵的死傷率要更高。由於僅有戰鬥經驗、沒有上學經歷，所以即使戰爭或衝突結束，曾擔任過士兵的兒童，則往往加入犯罪的陣營，或再度被引進到未來戰爭衝突之中。

二、基本戰術

今天的恐怖分子也許看起來瘋狂或是非理性，但他們大部分仍維持傳統的方式操作恐怖行動。換句話說，恐怖分子繼續依賴相同的、過去一百年來成功地發揮效用的基本武器：一方面，他們曾經善用過這些武器及戰術；另一方面，他們相信這些傳統戰術可以極大化其成功的可能。大體上，恐怖事件是恐怖分子單獨或結合使用四種基本戰術的結果：(1)暗殺公眾人物、謀殺公民及集體殺戮（genocide）；(2)劫持；(3)綁架、擄獲人質及柵欄（阻攔）事件（barricade incidents）；(4)炸彈（爆炸）及武裝攻擊。雖然恐怖分子願意利用機會適應技術或推陳出新，但使用各種傳統上具高度爆炸性的攻擊，所造成的死亡和摧毀，比使用非傳統性武器，要來得高[36]。

---

35 Brian Hansen, "Children in Crisis," *Congressional Quarterly Research*, Vol. 11, No. 2 (2001, August 31), pp.657-680.

36 Bruce Hoffman, "Change and continuity in Terrorism." *Studies in conflict and Terrorism*. Vol. 24 (2001), pp.417-428.

暗殺可以說是恐怖分子的基本戰術。其中一個最有名的例子就是，以色列總理拉賓（Yitzhak Rabin）於1995年11月4日被刺殺身亡。由暗殺造成社會的劇變和動亂不可測量。而作為戰術的謀劃，一件策略性的致命事件可能具有相當大的影響和衝擊，因而暗殺成為恐怖分子打擊敵人的一項不可或缺的選擇。除了暗殺之外，讓不知名的群眾致命、成為犧牲者，主要是為了打擊惡名昭彰的對象或公司行號。其實，在產品上塗抹添加物或下毒，古時代就用過這種方法以達到暗殺特定對象的目的，只不過，現在使用這種方式則是針對小部分、有限的對象。另外，暗殺的變種則是集體殺戮（簡稱集殺）。如果極端分子試圖剷除所有他們的敵人，而非只是象徵性的少數人，那麼他們就會訴諸於集體謀殺。在最慘重的屠殺裡，整個宗族團體和次級文化可能因此完全消亡。

劫持於2001年受到廣泛的注目（911事件所使然），不過，其應被歸類為傳統武器。劫機的基礎是，以買票的方式在公共場所搶奪某種運輸工具，並將其變成恐怖武器。而運輸工具則可包括汽車、巴士、火車、船隻、軍事運輸器具、飛機或太空船，完全看恐怖分子的技術資源和發展而定。雖然沒有實際的統計資料，但許多報導指出，劫持運輸工具是恐怖分子共同的戰術。

綁架和擄獲人質是第三種傳統戰術。這種行為包括：對某人捕捉、扣押、威脅殺害、傷害、繼續扣押。但綁架與擄獲人質仍有不同。綁架者把其受害者隱藏在秘密地點後，要求贖金以為交換，如果未能配合其要求，則威脅殺害被綁者。人質扣押者則在已知的地點與警力或軍方對峙，而其目的是要在媒體全面現場報導下提出要求。一般而言，恐怖分子擄獲人質的成本非常高，而從中獲得的實質報酬也不高。相對地，以綁架方式換取贖金，這是歹徒獲得財源的重要手段。綁架的目的大部分是因為經濟而採取的權宜之計，而不是為了政治主張而進行的策略。不過，綁架的對象和目標則往往是恐怖分子所認為的敵人。例如，綁架重要商人、公司總裁或這些人物的家屬成員，是恐怖分子獲利極大、風險極小的收入來源。

炸彈是恐怖分子另外一種實質性工具。隨著科技進步，炸彈的種類形式推陳出新。恐怖分子使用的炸彈歷史，從炸藥、黑色火藥、土製燃燒彈（Molotov cocktails，莫諾托夫雞尾酒）、到殺傷彈（daisy cutters）。不管所使用的技術為何，使用炸彈的目標仍維持不變。使用炸彈的目的就是要爆破顯著的目標、引起注意、了解其宣稱的運動、減緩反對力量、剷除政治敵對者並摧毀財產。有些炸彈的使用是要達到上述全部的目標，至於其他炸彈的使用則只不過是想引起注意而已。

伍、恐怖分子的非傳統武器

傳統的恐怖活動（包括暗殺、劫持、綁架和炸彈爆炸）仍然是大部分恐怖分子的第一選擇。而2001年的「911事件」則顯示，這些傳統的方法仍可造成恐怖的蹂躪。而當代恐怖主義帶來的威脅則愈來愈高，因為恐怖分子已有更多的機會獲得更多種類的武器，而不僅僅是過去的傳統武器而已。

大量毀滅性武器（weapons of mass destruction, WMD）可能成為恐怖主義中未來距離不遠的要素。如果WMD掌握在經濟恐怖分子中，那麼這些無法形容的威脅，就可成為勒索最高秩序的最佳工具；而如果由宗教恐怖分子掌控，那麼其可成為剷除世界所有異端分子的最佳工具。不過，在何種武器應歸類為WMD的標準（或門檻）上，專家們沒有明確的定義。本文把WMD界定為「一種武器，就像上百或上千個傳統式高爆炸性或燃燒性設置一樣，能殺害相同的人數」[37]。幸運地，恐怖分子尚未使用過核子武器，而生化武器（biological and chemical weapons）僅見於少數一些獨

37 U.S. Congress, Office of Technology Assessment, *Proliferation of Weapons of Mass Destruction: Assessing the Risks* (Washington, DC: government Printing Office, August 1993, OTA-ISC-559), p.46.

立的個案之中。例如，從1968到1992年間，超過八千件有記錄的恐怖事件中，只有五十二件與非傳統武器有關[38]。然而，恐怖分子的行為愈來愈大膽，為的是維持其震驚的價值。恐怖分子可能使用的非傳統武器，以下將分別簡要說明。

一、核子武器

由於核子武器涉及到技術性的問題，所以專家們的看法是，恐怖分子在最近的未來不太可能使用。雖然世界各國大型圖書館裡都有如何製造原子彈的資訊和書籍，但能獲得相關原料並將之拼裝，則不是件容易的事。所需要的專業和拼裝的設置可以購買取得，但除非恐怖分子沒有其他可行的選擇或是受到某些國家高度的支持，否則他們是不會訴諸於核子暴力的。當然，也有些專家則悲觀地表示，未來恐怖分子將會使用核子武器。

基本上，有兩種核子裝備：分裂與融合（fission and fusion）。裂變（分裂性）核武器類似於1945年投射在廣島的原子彈。而比較引起恐慌的武器則是「熱核」（thermal-nuclear）武器，也就是聚變（fusion融合性）核武器，威力較強。由於聚變核武器製造的精密，所以恐怖分子要想取得應該是透過（黑市）購買（武器來源是被偷）而非自行製造。例如，俄羅斯黑手黨就誇耀，能提供核子燃料及原料。

恐怖分子也可能利用放射性設備（radiological devices），雖然這些設備只不過是釋放放射性物質的容器而已。不過，這些設備可能像生物或化學武器一樣，具有致命性（lethality）。如果恐怖分子摧毀了某座核能發電廠，導致輻射外洩，就可能像1986年車諾比（Chernobyl）反應爐輻射外洩附近地區一樣，將造成無法估計的人數受到傷害。如果某個核子設置（不管是本國製造或偷竊而來）爆炸，結果會是如何？根據估計，一個設於主

38 Bruce Hoffman, "Terrorist Targeting: Tactics, Trends, and Potentialities," Santa Monica, CA: RAND paper P-7801, presented at the "Seminar on Technology and Terrorism," at St. Andrews University, Scotland, 24-27 August 1992, p.3.

要城市一萬噸到一萬五千噸的核子設施，輻射一旦外洩，則將擴及好幾平方英哩之遠，並可能造成三萬至十萬傷亡。如果一個容量更大的熱核裝備外洩，則影響的地區將擴大二十倍，傷亡將更多[39]。

二、化學武器

化學武器包括水腫帶原體（水泡，blistering agents），如芥氣（mustard gas）和路易士劑（lewisite，一種糜爛性毒氣）；窒息帶原體（choking agents），如氯（chlorine）和光氣（phosgene）；血液帶原體（blood agents），如氰氯化物（cyanide chloride）和氰化物（hydrogen cyanide），會導致血氧（blood oxygen）阻塞；以及神經帶原體（nerve agents），如泰奔（tabun，戰爭中所使用的一種神經毒氣，或稱GA）、沙林（sarin，劇毒神經瓦斯，或稱 GB），以及梭門（soman，或稱GC）[40]。

波斯灣戰爭後，經檢查發現，伊拉克儲存四萬六千個化學武器，四百噸到六百頓打包的化學帶原體，以及三千噸前導性化學物品（precursors）。在庫存的武器裡，有三十個化學武器彈頭可裝在飛毛腿（SCUD）飛彈上。在伊朗和伊拉克戰爭期間，估計有五萬名伊朗人被伊拉克化學武器所殺害。而伊拉克的庫爾德人（Kurds）則在單一的攻擊中，有三千至五千普通百姓被化學武器所殺害。而前述1995年東京地鐵毒氣事件，也是使用化學武器的結果。

恐怖分子利用化學武器除了是為經濟目的（如勒索）外，在過去的案例裡也包含政治目的。例如，1985年巴勒斯坦恐怖分子在反對團體飲用的茶中下毒，導致其全部中毒而死；1986年印度受到威脅，恐怖分子宣稱在飲用水中下毒，引起全國恐慌；1978年巴勒斯坦恐怖分子在以色列的橘子裡注射水銀，而這些被下毒過的橘子，在其他地區包括荷蘭、西德和英國

39 Laqueur, op. cit. (1999).

40 *Proliferation of Weapons of Mass Destruction: Assessing the Risks*, p.47.

也都被發現[41]。

三、生物武器

生物武器包括病毒，如委內瑞拉馬性腦炎（Venezuelan equine encephalitis）；細菌，如炭疽熱（anthrax）；立克次體屬微生物（rickettsiae，多寄生於蝨、跳蚤、恙蟲體內，感染人體後，可致傷寒等疾病），如寇熱（Q fever，伯內特氏考克斯氏體〔Coxiettta burnetii〕引起的急性、自限性、系統性立克次體性傳染病，主要寄生於狗和其他家畜如羊、牛，也能藉其排泄物和奶傳染給人）和斑疹傷寒（typhus）；以及毒素（toxins），如肉毒毒素（botulin）、蓖麻毒素（ricin）和動物毒液（animal venom）。炭疽熱是發酵下的產物，類似於釀造過程。由於微量性生產（microbreweries）成長快速，想要偵察出誰獲得非法製造生物武器的儀器就變得更為困難。事實上，只要用一公克的炭疽（anthrax）病菌，而且分配恰當，就可造成美國三分之一人口的死亡。美國陸軍於1960年代就指明，生物帶原體，如炭疽，有可能被散布於紐約地下鐵系統，將造成數以千計的民眾死亡。伊拉克的生物武器中包括炭疽和蓖麻毒素。敘利亞、伊朗、利比亞、北韓和古巴等國也都將炭疽和蓖麻毒素作為其生物武器。

就恐怖分子所使用的武器而言，最難偵測和最難防止的就是生物武器的使用。事實上，世界各地的恐怖分子已經有能力取得或生產生物帶原體。例如，2001年911事件後不久，10月恐怖分子連續寄出噴灑過炭疽的信件，導致十八名美國人感染，其中五人死亡，超過一千人必須接受體檢，因為可能接觸到炭疽，而大約有三萬人則服用抗生素，以免感

41 Jeffrey Simon, *Terrorists and the Potential Use of Biological Weapons: a Discussion of Possibilities* (Santa Monica, CA: RAND, December 1989), p.9.

染[42]。另外，1972年美國的新納粹團體被發現製造並擁有八十磅的斑疹傷寒菌（typhoid bacillus）帶原體。1970年代中期巴德—曼尼赫夫（Baader-Meinhof, RAF）團體威脅，如果他們選擇的律師不能替他們成員辯護的話，那麼他們將在西德二十個城鎮的自來水下毒。1980時，法國政府襲擊RAF在巴黎租賃的公寓，結果發現其內有小型實驗室，不但有記載細菌感染疾病的筆記，而且浴缸裡有裝著梭狀肉毒桿菌（Clostridium botulinum）的瓶罐[43]。

四、通訊（溝通）系統

當今恐怖分子可以攜帶完整的通訊系統，不管是無線電話、多波段收音機、掃瞄器等各式各樣器具都可裝在手提箱內，而且他們可以透過衛星連線到各個溝通傳播系統和電腦網絡上，不但取得或破壞重要資訊，並且從事非法的行動。

恐怖分子可能會把攻擊焦點放在世界金融機構上，因為這些機構每日透過資訊網路傳遞大量金融資訊。恐怖分子如果使用或攻擊這些金融線路，那麼他們就能夠從贊助者手中轉移資金，並從其他合法轉帳的操作中非法竊取金額。甚而，他們可以癱瘓金融市場，不管是直接攻擊或是在電子金融界散布謠言。「金錢就是網絡，是由上千上萬的各種類型電腦所組成，透過線路不但連結在一起，而且連結到像聯邦儲蓄銀行那麼崇高的地方……也連結到像世界各地加油站那麼世俗並接受信用卡的地方。」[44]換句話說，恐怖分子有機會及可能進入金融體系中「為所欲為」。

恐怖分子利用資訊科技鎖定的目標還包括：透過航空公司訂位系統，對重要人物直接人身攻擊；或暴露某人過去信貸問題、健康（醫療）問

42 Griset and Mahan, *op.cit*., p.228.

43 Simon, *op.cit*., p.8.

44 Winn Schwartau, *Information Warfare* (New York: Thunder Mouth Press, 1994); 引自Medd and Goldstein, op. cit., p.295.

題、曾為政治不正確組織成員、曾訂閱色情雜誌期刊等有關個人的隱私狀況，目的是攻擊其人格信用。再者，如果目標對象本身沒有值得洩露的歷史，那麼恐怖分子，就會像電影《全民公敵》的情節一樣，改變其信用記錄、銀行交易記錄、郵寄名單、醫療記錄、甚至相片，以汙衊該名人物的形象。

網際網路不但讓恐怖分子間的網絡變得更為直接，提供了一個傳達彼此之間訊息的平台，也不再依賴主流媒體，而且網際網路可作為情報蒐集和分享炸彈製作知識的工具。這種強而有力的溝通工具讓恐怖分子在戰場上同樣擁有與軍事命令、控制、通訊與情報等相同的能力。網際網路和其他資訊科技給恐怖分子帶來其中一個重要的優勢是，他們可以在一個安全的保護領域內（例如在第三國家）從事所有以上的活動[45]。

五、資訊戰

資訊戰爭已經變得愈來愈有可能，因為恐怖分子不但可以得到最新的資訊科技和電子戰爭產品，而且還能有效地對抗那機器設備老舊、財源困窘的政府單位和組織。哥倫比亞的卡里販毒卡特爾提供了一個恐怖分子進行資訊戰爭最好的見證。

卡里組織將高科技工具與認知管理（perception management）戰術相結合，並和政府反毒品單位從事資訊戰爭。就認知管理方面，卡里毒梟組織有媒體顧問和公共關係管道，以確保哥倫比亞對他們的販毒行動仍維持一個友善的環境。並且，卡里組織進行各式各樣的活動：從暗殺那些具體真實報導，和持批判態度的新聞媒體人員，到平和及友善地表明他們是個合法的企業組織並從事慈善活動。結果，他們的努力相當成功，許多哥倫比亞的地方報紙都成為其代言人。卡里另一方面也尋求電視台和收音機電台的友誼，並買下中立和對其抱持敵意的電台。再加上，卡里與俄羅斯黑

45 Medd and Goldstein, op. cit., pp.295-296.

手黨的私通關係加強，可以借用前蘇聯國家安全局（KGB）人員提供間諜和勒索技術，以對付新聞人員和公共官員，如果賄賂失靈的話。例如，1994年哥倫比亞警政署長西勒發（Campos Silva）被指責許多不檢點行為和濫用權力，結果導致他被迫下台。另外一位官員維拉斯克茲（Carlos Alfonso Velasquez）上校的性醜聞則被公開地曝光，但他宣稱是被卡里組織事先預謀設計所致。因此，透過控制媒體和其所傳達的訊息，卡里組織的領導人能讓哥倫比亞社會不會反對他們的行動，並且讓政府不會積極地處置他們[46]。

另外，卡里組織在情報設備、電腦系統和通訊安全上的完善可作為我們參考的資料。例如，哥倫比亞官方對卡里組織進行一項突襲行動後發現，他們擁有一部先進、限制出口的IBM AS/400的電腦，其中包含卡里地區每隻電話以及每部汽、機車牌照號碼的資料庫。這部電腦科技再加上ICR 900掃瞄器，能讓卡里組織有能力同時立即截獲和儲存一百八十條不同線路中電話和收音機的對話。為了協調其本身的運作，這個卡特爾擁有的科技包括：帶有頻率擾亂器（以保障電腦安全）的行動電話、呼叫器、最新型尖端科技的電腦、高速寬頻網路、（文件）加密（encrypted）的傳真機、電子郵件資料庫，以及金融管理軟體。而且它還擁有限制出口、摩托羅拉公司製造的安全身分技術，與美國國防部有同樣功效的商業產品，以及STUIII對地面線路電訊加密技術[47]。其他電子設備，如金屬和雷達偵測器、精密電子警報系統，則同樣扮演著相當重要的角色。雖然卡里組織擁有先進科技，但也有一些傳統器具。例如，技術層面相當低的竊聽器，也成功地用來蒐集個人和政府執法運作的相關資訊。操作這些尖端科技的

---

46 Medd and Goldstein, op. cit., p.296.

47 這些在1990年代中期，可算是非常新穎的設備。不過，科技日新月異，過去與現在已不可同日而語。換句話說，現在科技的突飛猛進，可用莫爾定律（Moore's Law）說明：「大約每十八個月，矽晶片的密度將擴大一倍」。

人員則是來自世界各地的通訊和反監視（counter-surveillance）專家，而哥倫比亞退休的軍官則負責情報協調的工作。

簡言之，卡里組織比其他的販毒組織較少採用暴力，而且精練於法律、金融和軍事組織的滲透和操縱。而從卡里組織的例子裡，我們可以預測恐怖分子在未來資訊戰爭裡將會有一席之地。

陸、反恐怖主義策略

從上述的討論，恐怖分子和組織似乎可以為所欲為。尤其是在科技日益發達情況下，科技具有推波助瀾的作用，讓恐怖分子可以無所不用其極。雖然這種可能性不是沒有，但實際發生的機率仍較低。換句話說，幸運地，我們沒有天天受到恐怖分子的攻擊。不過，在對付恐怖主義上，仍需要世界各國的努力。以下就防止恐怖分子使用非傳統武器的策略上，簡短提出說明。

一、核子武器

當今擁有核子武器的國家有八國：美國、英國、法國、中國、俄羅斯、印度、巴基斯坦、以色列。此外，美國中央情報局（CIA）預測，北韓有足夠的鈽（plutonium）可以製造一或兩顆核子武器；另外還有二十四個以上的國家擁有研究反應爐和足夠的高濃化鈾（highly enriched uranium, heu），可自行製造至少一顆核子武器。2006年4月11日，伊朗宣布，該國科學家已成功提煉濃縮鈾，可以製造核燃料，此番舉動更引起國際組織，尤其是國際原子能總署的關切，要求立即凍結核子計畫。但伊朗總統的態度是：「毫無挫敗和退縮的餘地。」[48]根據最佳的估計，全球核子存

48 《聯合報》，2006年4月14日，A14.

貨清單（inventory）中有超過三萬顆核子武器，而足夠的高濃化鈾和鈽則超過二十四萬[49]。而上百顆核子武器所存放的條件不佳，容易被果敢的罪犯偷竊，然後再販賣給恐怖分子。例如，2003年8月，俄羅斯Atomflot組織（負責修護俄羅斯核子破冰船和核子潛水艇）的副執行長提優雅可夫（Alexander Tyulyakov）在莫曼斯克（Murmansk，俄羅斯西北部海港）被逮捕，因為他企圖偷竊、走私核子原料。

為了要防止核子恐怖主義，一項全面性策略有其必要：來源上沒有取到武器的管道，加強邊界偵測和檢查，防衛任何途徑以免武器運送，以及宣告動機和手段。基本上，成功的反恐怖主義需要多國情報交換和地方警力的支援與突破。例如，2003年夏天凱達（Al Qaeda）組織在東南亞的幕後首腦被捕，就是因為引起隔壁鄰居懷疑，通知泰國警方，而後轉達美國中央情報局將其逮捕。如果得到適當的鼓勵，那麼各國民眾和政府將扮演重要的角色，提供訊息追蹤恐怖分子。

美國前國防部政策和計畫副國務卿艾里森（Graham Allison）主張，要嚴謹地防止核子恐怖主義，最主要的目標與原則是採取「三沒有」策略：沒有不加控管的核子武器（no loose nukes）、沒有新生的核子武器（now nascent nukes），以及沒有新核武國家（no new nuclear weapons states）[50]。首先，所有核子武器應獲得保護，或者可用來作為武器的原料應符合新的「國際安全標準」，不讓恐怖分子有機會獲得武器或零件。美國與俄羅斯應共同訂立這個標準。

其次，「全球清除活動」（global cleanout campaign）應在短期內將新的核子武器消除。因為非核武國家的所有研究反應爐都有來自美國和俄羅斯的分裂性物質，所以美國與俄羅斯都合法地要求歸還。補償和爭吵是一定會有的，但美國和俄羅斯不應任其自然發展。簡言之，所有渴望發

49 Graham Allison, "How to Stop Nuclear Terror," *Foreign Affairs*, Vol. 83, No. 1 (January/February, 2004), pp.64-74.

50 Allison, op. cit.

展核武的國家，尤其是伊朗和北韓，應當停止生產高濃化鈾和鈽。要達到這個目標，國際原子能總署應負責監督，而「（核武）非繁衍條約」（Nonproliferation Treaty, NPT）則為依據的標準。

最後，目前擁有核武的八個國家應共同宣布，「不再有」（no more）核武國家。四十多年前，美國總統甘迺迪預言，到了1970年代末期，將有二十五個國家擁有核子武器。他悲觀的預言，正反映了當時大家共同接受的假定：當國家獲得科技能力製造核子武器時，它們就會這麼做。幸虧經過國際間有遠見地努力，包括條約、安全保障、公開或秘密威脅，大部分國家都宣稱放棄發展核子武器。「非繁衍條約」第一次簽訂是在1968年，並於1995年無限延期，目前已有184個國家簽訂。當然，大國仍需要繼續努力，例如讓北韓簽署協定。不過，美國不應只是單獨行動，而是應該與其他國家結成聯盟打擊恐怖主義，如此，共同努力所產生效果的機會才會比較大。

二、科技發展

技術如何在「對恐怖宣戰」（War on Terror）上提供援助？檢視這個問題的一個方式就是，檢驗科技如何在謀殺個案中增進或減低其要素，亦即機會、手段和動機。根據慕郝爾（Mulhall）的看法[51]，目前科技的趨勢似乎指向好幾種科技組合使用，這些科技包括：生物科技、機器人學（robotics）、資訊科技，以及奈米科技（nanotechnology）。每一項科技在「對恐怖宣戰」上都提供了新的機會[52]。生物科技可以便利辨別生物方

---

51 D. Mulhall, *Our Molecular Future: How Nanotechnology, Robotics, Genetics, and Artificial Intelligence Will Transform Our World* (Amherst, NY: Prometheus Books, 2002).

52 D. Ratner and M. A. Ratner, *Nanotechnology and Homeland Security: New Weapons for New Wars* (Upper Saddle River, NJ: Prentice Hall, 2004); D. M. Egan and J. L. Petersen, "Small Security: Nanotechnology and Future Defense," Defense Horizons, Vol. 8 (2002), pp. 1-6. http://www.arlingtonin stitute.org/

面的危險（biological hazards），提供法醫工具，並支援防止攻擊及攻擊後幫助復原。機器人學可以便利遠距離監視，人為遠距離操控危險物品，以及遭受攻擊後幫助復原。資訊科技可以便利資料蒐集、分析、安全和整合。奈米科技則可以提供微型化（miniaturization）和改進的物質與過程，可應用在許多層面上。

首先，就減少進行恐怖行動的機會而言，科技可以應用在銀幕監視個人上和保護重要地區。這包括標準危險評估過程，如分析預備程序有關防止、保護、計畫和復原。例如，專家在分析電磁脈衝（波）攻擊（electromagnetic pulse attack）可能帶來的後果時發現，不可能同時保護電子線路、依賴敏感電子設備的機器（如汽車）、溝通，以及電子金融交易。許多建議主張組成電子欄柵（electrical grid）會更健全，譬如，(1)準備隔絕受損成分；(2)保護優先儀器設備（不論是防護物或複製備份）；以及(3)裝設提早發現系統以減少停電的擴散。

其次，就減少造成損害的手段而言，科技可以用來保護、控制和拒絕關鍵的管道和資訊。科技也可用來蒐集恐怖分子活動的資訊，譬如追蹤金錢的流動走向。就長期而言，查察「洗錢」（money laundering）的走向應是焦點。因為不論是針對恐怖分子、犯罪組織、或政府貪腐官員，如果達成國際協定而改進金融交易軟體和資訊科技，那麼就能更客觀地優先處理跨國性逮捕和起訴。

再者，就降低恐怖分子行動的動機而言，科技可作為教育、資訊散播，以及便利有益的地方投資和決定之用。例如，創設「促進發展的全球夥伴關係」（Global Partnership for Development）組織，教育人民有充分理由不值得同情恐怖分子。埃及沙魯克（Sharouk）的例子可為模範。其將鄉間村落連繫起來，設定發展優先計畫，並分配中央援助款項。其中部分款項是來自「反洗錢」策略成功的「贓款」。

library/Small%20Security.pdf.

然而，科技的應用也增加了風險。例如，過於依賴科技，則相互依賴的電子欄柵萬一有任何差錯，就可能造成資訊和電力的損失。在這種情況下，只要恐怖分子有能力應用科技，就可隨時隨地發動攻擊。因此，科技同樣給了恐怖分子動機、手段和機會[53]。就動機方面，恐怖分子為爭取支持，可強調科技造成社會分歧（divisiveness）的嚴重程度，如日益擴大的數位隔離（digital divide）以及惡化的緊張、不平等和分裂，卻只有社會中的少數人因科技得利。就手段而言，恐怖分子可發展雙重使用的科技，如基因工程的病毒。換句話說，恐怖分子的手段包括，小型實驗室或個人有可能取得製造大量摧毀性武器的科技能力，如生物科技製造的致命病毒、電腦病毒或核子武器。就機會而言，恐怖分子可利用科技發展的不健全（脆弱性）而大展身手。由於先進國家相當依賴關鍵性基礎建設（infrastructures，基礎結構），如能源、溝通、運輸和食物，而這些基礎建設又很難有萬全的保護和防衛，因而讓恐怖分子有機可乘，從事破壞行動。例如，如果恐怖分子發動「電磁脈衝攻擊」，那麼電子和電力設備（包括電力線纜、控制系統、汽車、住宅冷暖氣系統）將受到嚴重損壞。另外，商業用的科技亦可用來設計相當便宜的電磁脈衝炸彈（E-bombs）[54]。

發現多碳化合物（fullerenes）而於1996年獲得諾貝爾化學獎的斯馬利（Richard Smalley）主張，美國應領導國際合作與努力，以探究奈米科技在能源方面使用的可能性。他認為，能源是許多國際問題的關鍵，因為其與飲水、食物、環境、貧窮、恐怖主義與戰爭、病疫（疾病）、教育、民主和人口都相關。他指出，一致性努力以尋求能源問題的解決之道，是對

53 David J. LePoire and Jerome C. Glenn, “Technology and the Hydra of Terrorism?” *Technology Forecasting and Social Change*, 2006, pp.1-9. 該篇文章可自www.sciencedirect.com網址上取得。

54 炸彈上的電波發射器可在數百微秒的瞬間放射出數億瓦威力的微波，用於摧毀指揮、控制和通信用電子設備以及電腦目標。

911事件的回應，就像蘇聯於1957年率先發射人造衛星（Sputnik）一樣，美國接著有所回應[55]。

不過，值得注意的是，如果科技進步神速（發展太快），而社會制度又無法迎頭趕上，那麼恐怖分子就可利用其擁有的「不對稱」（asymmetric）科技能力而蠢蠢欲動。這是因為快速科技變化會造成不確定的情況嚴重，如市場崩盤、意想不到的結果、或是萌芽中基礎建設的相互依賴。譬如，資訊科技中，新形式的犯罪和騷擾行為（nuisance）應運而生，如垃圾郵件（spam）[56]、網路釣魚（phishing）[57]，以及網路身分盜用（electronic identity theft）。所以，這些不可預見的犯罪成長，導致有限的資源專注於這些安全議題上，進而拖延遲緩了資訊科技的發展[58]。總之，科技的進步有利有弊，如何防止恐怖分子的目的得逞，有待各界（政府及民間）的努力。

三、疫苗研發

病原體（pathogens）造成的威脅幾乎等同於強大軍力的威脅。雖然研究、溝通和商業的開放系統促進了生物醫學對策（biomedical countermeasures）的發展，如新疫苗（vaccines）、療法（therapeutics）、診斷法（diagnostics），但這些系統也助長了生物武器（biological weapons）的進步。製造生物武器的成本所費不貲、方法極其隱秘，但其造成的傷害則大到無法估計。因此，一方面，在科技發展上如何將創新和

55 R. Smalley, "Our Energy Challenge," Energy and Nanotechnology Conference, Rice University, Houston, TX (May 3, 2003). http://smalley.rice.edu/emplibrary/Rice%20EnergyNanotech%20May%203%202003.pdf.

56 在使用者網路或新聞群組中，一大堆未經篩選的廣告或對收件者來說根本無用的郵件。

57 最早出現於1996年，起因於駭客始祖們利用電話線犯案，因而結合fishing與phone創造出phishing一詞。

58 LePoire and Glenn, op. cit.

效率極大化以阻擋生物恐怖分子（bioterrorists）恣意妄為，另一方面，如何極小化生物科技（biotechnology）可能濫用的情形，均是關鍵並值得注意的問題。

基本上，投資發展更好的防衛措施以抵抗生物恐怖主義的威脅，對美國和其他國家而言，非常重要。而且，如果不加快發展生物性防衛疫苗的速度，那麼建立起可信（可靠）的防衛能力是讓人懷疑的。然而，眾所周知的是，在過去的幾十年裡，疫苗發展的速度遠比生物威脅的成長要落後許多。其次，民間公司的國際合作在提升疫苗的發展上會帶來更多的利益，但目前學者們的研究則尚未認知到這一點。許多最近的研究都強調，學術部門或單位有必要繼續維持國際間的開放，以促進生物科學的提升與進步[59]。同時，全球化對商業部門而言很重要，可以幫助生物防衛科技（biodefense technologies）的提升。

2001年911事件後，美國聯邦單位和立法者在管理生物研究和商業上制定一個新規範架構[60]。這個新的規範架構在設計上是加強美國的安全，降低恐怖分子的能力，不讓其輕易取得製造生物武器的管道、資訊和原料。不過，這個架構則可能有其意想不到的負面影響，阻礙了目前美國所努力發展的先進生物防衛能力。這是因為這個架構所創造的誘因，反而轉移及忽視了生物防衛研究和生產的國際合作[61]。

因此，霍特和布魯克斯（Hoyt and Brooks）兩位學者認為，鑒於經濟全球化的重要，美國的生物防衛政策應當調整。為了保證生物防衛的全球

---

59 例如，Vincent Chan, Jerome Friedman, Stephen Graves, Harvey Sapolsky, and Sheila Windnall, *In the Public Interest: Report of the AD Hoc Faculty Committee on Access to and disclosure of Scientific Information* (Cambridge, Mass.: Massachusetts Institute of Technology, June 12, 2002).

60 Kendall Hoyt and Stephen G. Brooks, "A Double-Edged Sword: Globalization and Biosecurity," *International Security*, Vol. 28, No. 3 (winter 2003/2004), pp.138-140.

61 Hoyt and Brooks, op. cit., pp.140-143.

化能繼續下去，霍特和布魯克斯主張，有關生物研究和商業的規定要能取得和諧，最佳的方式就是建立國際生物安全體制（regime）。

四、網路恐怖主義值得憂慮？

網路恐怖主義（cyber terrorism），根據國際安全與合作中心（the Center for International Security and Cooperation）的文件，可界定為「在沒有合法承認的權威下，意欲使用或威脅使用暴力、瓦解或擾亂方式對付網路系統，當其使用時，就有可能造成某人或某些人死亡或受傷，有形財產的實質毀損，民間失序，或顯著的經濟損失」[62]。

如果恐怖分子利用網際網路，那麼其所造成的網路事件可分為四類。(1)資訊攻擊：焦點放在改變或摧毀電子檔案內容、電腦系統，或其中各種不同的資料素材；(2)基礎建設攻擊：目的在瓦解或摧毀實際的硬體、運作平台、電腦化環境中的程式；(3)科技便利（facilitation）：利用網路溝通傳遞恐怖攻擊計畫、煽動攻擊，或在其他方面有助於傳統式恐怖主義或網路恐怖主義；以及(4)募款和推銷（promotion）：利用網際網路為暴力式政治理想（cause）籌募基金、促進某個組織支持政治暴力行動，或推銷某種以暴力為傾向的意識型態[63]。同樣地，根據柯恩（Fred Cohen）的分析，恐怖分子在網際空間（cyberspace）的活動可分為五類：計畫、財源、協調和操作、政治行動以及宣傳[64]。

為了理解恐怖分子在其設置的網站實際作為，以色列兩位學者斯法提和魏曼（Tsfati and Weimann）搜尋恐怖分子的網站並分析其內容，結

62 引自Andrew Jones, "Cyber Terrorism: Fact or Fiction," *Computer Fraud and Security,* June 2005, p.4.

63 Ballard, Hornik and McKenzie, op. cit., p.1009.

64 Fred Cohen, "Terrorism and Cyberspace," *Managing Network Security*, 2002, pp.18-19.

果他們有以下的發現[65]。基本上，恐怖分子所用修辭的核心關鍵，不管借用何種媒介，是要辯護及正當化其暴力作為。而恐怖分子在網路線上（online）的許多論點——「最後手段」（last resort，萬不得已）論點、「法律」論點、把使用暴力的責任歸咎於他們的敵人——可在其他恐怖分子的素材裡找到。事實上，許多網站上的內容，都是引用在其他地方傳播的資料（如新聞稿發布）。

然而，恐怖分子網站上的內容，與大眾媒體報導有關恐怖主義的內容仍有不同。第一，新聞報導都是涉及暴力，而網站上則隱藏暴力。也就是說，網際網路的恐怖分子試圖展現其為合法組織，是「愛好和平」的團體。有些網頁甚至拒絕暴力，其他則根本忽視這個問題。相對地，其網頁內容則大部分強調政治扣留、表達自由等議題，可能試圖要贏得對人權和言論自由的同情。第二，網站上包含大量的資訊和背景資料，這在大眾媒體的頻道或報導中是找不到的。顯然地，他們認為這是千載難逢的機會，提供資訊給有興趣的瀏覽者，否則在大部分的情況下，他們的訊息受到所謂的「打壓」或限制。第三，恐怖分子可利用網站動員民眾採取行動，這在主流媒體中是不可能做到的。不過，在其鼓動民眾行動的各種形式中，發動暴力是少見的情形（有，也只是間接方式，如在回教地區發動聖戰），反而要求支持的讀者捐獻、散播該組織訊息或進行抗議。

恐怖分子的網站和主流媒體報導的內容有差異的原因是，這與溝通者、頻道和觀眾有關。網路上的溝通者教育程度較高、比其他恐怖團體成員更熟悉網際網路性質。頻道（即網際網路）則是言論自由最佳地點（venue），溝通者試圖把訊息調整為媒介的價值和規範。此外，他們受到現存網際網路形式的影響，也就是，必須類似於其他政治組織網址上的和平性質與內容。至於讀者（觀眾）方面，溝通者認知到網路使用者通常是國際化、教育程度較高，以及思想較自由，所以提供的內容不能太煽動。

65 Yariv Tsfati and Gabriel Weimann, “www.terrorism.com: Terror on the Internet,” *Studies in Conflict and Terrorism*, Vol. 25 (2002), pp.317-332.

那麼回到根本的問題，政府應當如何回應？是否各個社會應當限制恐怖團體在網路上的出現？事實上，未來要防止恐怖分子在網路上散播訊息，方法上會引起問題，法律上變得很複雜，道德倫理上也將難以釐清。再加上，政府採取實際行動也不值得，恐怖分子在網路上造成的傷害絕對沒有比限制它所帶來的傷害要來得大（例如，會遭來指控：限制言論自由、入侵「公開」網路）。

雖然個人駭客或政府阻擋某些組織使用網路的消息時有所聞，但許多網站常常改變網址。有些網站會消失一段時間，但過了一段時間又會另闢蹊徑、重建「山頭」。因此，試圖阻止恐怖分子或其支持者利用網路傳遞訊息，將會是徒勞無功的結果。

同樣地，安德森（Alison Anderson）也提出類似的看法。他認為，目前恐怖分子利用網際網路主要仍以宣傳為目的[66]。即使新媒體科技有其顯著性，但傳統電視和平面媒體仍為恐怖分子的重要工具（vehicle），強而有力地引發民眾的恐懼和焦慮。事實上，政治暴力行動的本身，仍是大肆宣傳（publicity公共性）最佳方式，相形之下，網際網路似乎只是傳遞訊息而已。恐怖暴行如能獲得地毯式新聞報導，就是把目標對準全體民眾，激發大家對某項政治暴力行為動機的辯論，以及讓團體領袖「名揚四海」。

而懷恩（Whine）則比較悲觀地認為，未來網路恐怖主義比威脅還要嚴重[67]。新一代所謂的「恐怖分子兼駭客」（terrorists cum hackers）有可能採取的戰術包括：自動電子郵件炸彈、電腦病毒、電腦入侵（break-ins）、網路阻攔和抗議（web blockades and sit-ins）及網站破壞（web

66 Alison Anderson, "Risk, Terrorism, and the Internet," *Knowledge, Technology, and Policy*, Vol. 16, No. 2 (Summer, 2003), p.30.

67 A. Whine, "Cyberspace: A New Medium of Communication, Command and Control by Extremists," *Studies in Conflict and Terrorism*, Vol. 22, No. 3 (1999), pp.231-245

hacks）等。旦寧（Denning）認為，「評估網路恐怖主義很重要的是，越過傳統的恐怖團體，專注於電腦駭客（geeks），他們早已擁有相當破壞（hacking）的技巧……下一代的恐怖分子將在數位世界中成長，更能掌握效力大、易於使用的破壞工具（hacking tools）……我們不能只是聳聳肩就可甩掉威脅」[68]。

然而，話說回來，安德森強調，我們不應過度誇大網路恐怖主義所造成的威脅。雖然恐怖團體已相當廣泛地利用網際網路，但他們尚未發動任何一次主要的網路恐怖主義攻擊。當然，恐怖分子在未來會繼續利用新科技的發展以達成他們的目標，但同時新科技的發展也提供了溝通上更安全的保護措施。另外，安德森主張，我們不但有必要去了解新媒體科技的動態是如何影響恐怖主義戰爭的策略行動，而且也有必要去了解公眾是如何認知到這種風險[69]。

現場實況報導與轉播，透過衛星科技以數位方式傳遞資訊，已經成為可能。不過，傳統的平面和電視媒體仍維持其重要性，尤其是電視新聞，在911事件發生時，扮演著一個關鍵性角色，以插播的方式現場立即轉播。世界各地許多恐怖分子的攻擊行動，媒體都是以現場實況的方式轉播，這也無形中擴大了恐怖主義在全球政治領域中的效果。的確，911事件已經讓傳統與新的媒體，在全球性擴大的公共領域中，凸顯其角色和責任的改變。「就像恐怖主義的風險一樣，生物恐怖主義的威脅已經成為一種風險，因為其已造成上百億美元的損失，進而值得媒體報導」[70]。因此，媒體可以扮演的角色就是提高大眾關心的層次，提升並強化共同打擊恐怖主義的信念。

---

68 D. Denning, "Is Cyber Terror Next?" *Social Science Research Council* at <www.ssrc.org/sept11/essays/denning.htm>.

69 Anderson, op. cit., p.31.

70 S. Waisbord, "Journalism, Risk and Patriotism," in B. Zelizer and S. Allan (eds.), *Journalism after September 11* (London: Routledge, 2000).

柒、結 語

上述的討論大略勾勒出科技與恐怖主義之間關係的輪廓。不過，有人會問：那麼反恐怖主義的效果為何？美國總統布希於911殘暴事件發生後，提出「對恐怖宣戰」（War on Terror，或稱為「與恐怖作戰」）並邀請國際社會加入美國反恐的行列中。雖然當時世界各國，除了少數幾個國家外，均表示支持，但是到了今天，至少在歐洲，普遍瀰漫著一股氣息，認為「對恐怖宣戰」的計畫認知錯誤，因而這種戰爭進行得「毫無章法」。甚至那些有進步思想的民眾也認為，恐怖分子反而贏得了「對恐怖作戰」的勝利。

政治上，為了「對抗所有的社會邪惡」（against all sorts of social evils），使用「戰爭」（war）這個隱喻（metaphor）字彙的時機不在少數。當「與〇〇而戰」（war against...）這個詞彙出現時，它代表了堅定、意志和鼓舞的意義。因此，我們聽過：與毒品（drugs）而戰、與貧窮（poverty）而戰、與犯罪（crime）而戰、或與愛滋病（AIDS）而戰。而且，我們都能接受它。在這種脈絡（context）下，「戰爭」是個帶有延展意涵的隱喻，指的是持續、繼續進行的計畫，可被視為在許多戰役的前線與一個強大的敵人對抗[71]。

為什麼用「戰爭」這個隱喻對抗恐怖（主義）時會被廣泛地認為不適當呢？這主要是因為我們對「戰爭」這個名詞概念化（conceptualized）的緣故。一般而言，當我們用「與恐怖作戰」時，我們習慣上與心理上會認為，戰爭總有個開頭、中途和結束。也就是說，有宣戰、有戰役、最後決定勝利者是誰。因此，歷史教科書都記載著所有戰爭的明確時間。從這個角度，上述的條件（亦即，時間點）無法適用於「與恐怖作戰」。因而，

71 Brown, op. cit., p.52.

誰能說這個戰爭（對抗恐怖主義）何時開始？何時將結束？同時，肯定的是，在這個戰爭中，我們最後也將看不到任何投降的儀式。

但如果換個角度，從警方對付犯罪來看，那麼每個人都知道，這沒有開始也沒有結束。警方會在某個時間、某個地點破獲不法勾當，或逮捕犯罪分子。但另一個犯罪又接著發生。不管多少強盜、竊賊和詐騙者被捕，總是還會有搶劫、偷竊、詐騙的情形繼續發生。因此，警察行動的目的並非根除犯罪，而是透過預防手段減少（降低）犯罪的發生，並增加任何特別罪犯被逮捕的機會，如果這名罪犯繼續違法的話。同樣地，對抗恐怖主義的戰役不可能終結恐怖主義，但它能剷除一些特別的恐怖分子，讓剩下的恐怖分子在行動上所付出的代價和成本會更高，進而減少他們的影響範圍[72]。

因此，如果把戰爭以時間觀念來思考的話，我們可能會感到失望，因為總是有恐怖分子還在世界某個角落，沒有被逮捕歸案，使得我們永遠處在時時憂慮和恐慌之中。就好像近日（2006年4月17日），一名巴勒斯坦人在以色列特拉維夫商業鬧區的一家速食店外引爆自殺炸彈，結果造成至少九人死亡，六十人輕重傷。我們在驚駭之餘，就會擔心下一次的恐怖暴行不知會在何時何處。這種與恐怖分子的戰爭也就永無止境。事實上，我們不可能期待「與恐怖主義作戰」會有結束的一天。就像警察一樣，他們知道不可能有犯罪終止的一天，但他們仍鍥而不舍地為打擊犯罪而努力。同樣地，「與恐怖（主義）作戰」並不是一項選擇，因為我們不可能與恐怖分子有任何的和解，也不會對其有任何的讓步[73]。所以，我們也應秉持

72 Brown, op. cit.

73 諷刺的是，根據麥斯基塔（de Mesquita）的分析，如果政府對恐怖分子做出任何讓步的話，那麼恐怖團體就會更激進，因為只有溫和的恐怖分子願意接受，導致偏激的恐怖分子利用機會控制整個組織與團體。接下來，政府所面對的是一個更「不可理喻」的恐怖組織與團體。見Ethan Bueno de Mesquita, “Conciliation, Counterterrorism, and Patterns of Terrorist Violence,” *International Organization*, Vol. 59 (Winter 2005), pp. 145-176.

相同的態度，堅定並信心不疑地對抗恐怖主義，為世界和平共同努力。

最後，就目前的狀況，那些事情應該做？麥德（Medd）與哥德斯坦（Goldstein）兩位學者提出很好的建議，本文就以他們的建言作為結論[74]。

1.堅定對恐怖主義的政策。政策應包括三個明確點：第一，對恐怖分子的要求不能讓步；第二，對任何支持或援助恐怖主義的國家施加壓力；第三，恐怖分子應對犯罪行為負責，並應將其繩之以法。
2.提供研究基金，相當於對抗恐怖分子威脅的金額。
3.集中建立有效及暢通的情報網絡。
4.盡可能使用不致命方法與措施。其中包括：外交手段、國際協定、心理作戰、創新的非致命武器。
5.如果必要的話，則使用積極的致命手段。其中包括：軍事攻擊、秘密行動、參照以色列成功的例子。
6.保護關鍵的集結點（nodes）和路線（routes，或航線）。其中包括：安全、訓練與準備。

74 此處僅列出綱要，細節部分請參閱Medd and Goldstein, op. cit., pp.300-308.

第四章　資訊科技與中共品牌國家的建構

姜家雄　國立政治大學外交系

摘要

國家需要行銷，國家的形象是需要刻意、主動的宣傳及型塑。過去，中共經常以衝突的方式處理國際與國內事務，諸如「韓戰」、「三面紅旗」、「文化大革命」、「六四天安門」等事件，造成中共國家形象低落。但近年來，中共採取溫和、靈活、建設性的方式參與國際事務，並致力內部改革，努力改變負面的國家形象，並塑造優良的「品牌國家」（brand state）。

本文探討資訊科技與中共國家形象重塑的關聯。首先，解析國際形象的概念，其次，討論中共國家形象問題，進而分析中共扭轉負面形象及建立正面形象，所使用的主要資訊科技。根據若干國際媒體全球性調查的結果，中共的形象正朝向正面發展，說明了中共利用資訊科技改造形象、建立品牌已經有具體效果。

壹、國家形象的概念

對於「國家形象」（national image）的關注與討論由來已久，國家形象需要努力去維護，早在希臘時期，修昔底德（Thucydides）曾論述國家形象對雅典人與米蘭人之間的戰爭的影響：「你們斯巴達人，在你們領導伯羅奔尼撒諸國時，……我們也是這樣，我們所做的沒有什麼特殊，三個很重要的動機使我們不能放棄：安全、榮譽與自己的利益。」[1]當代現實主義大師摩根索（Hans Morgenthau）強調國家形象與外交政策之間的關係，認為國家的對外政治威望（political prestige），主要來自被他國認可或意識到的軍備優勢，或者是在他國心目中的實力，亦即「實力名聲」（reputation for power）[2]。

布爾丁（Kenneth Boulding）將國家形象的型塑過程區分為國家自我認知與他國對該國的認知。管理國家形象可促進國內外的國家利益。就內部利益而言，良好的國家形象可凝聚國內的向心力，使國家對內保有一定的控制力。此外，良好的國家形象有助於本國企業在海外發展，促銷本國企業的產品並提升競爭力；對外部利益而言，良好的國家形象能吸引外國資金、技術進入，博取他國的好感與支持，在國際事務中發揮領導輿論的效果[3]。

王紅纓（Hongying Wang）將國家形象區分為客觀及主觀兩種：客觀的國家形象是地理、歷史、經濟發展等具有客觀事實的形象；主觀的國家形象則為一個國家在特定時期，為了特定政策目標而刻意對外加強塑造。

---

1 Thucydides著，謝德風譯，《伯羅奔尼撒戰爭史》（台北：台灣商務，2000年），頁57。

2 Hans Morgenthau, *Politics Among Nations* (New York: McGraw-Hill, 1985), 84-98.

3 Kenneth Boulding, "National Images and International Systems, " *The Journal of Conflict Resolution* 3 (June 1959): 121.

此主觀國家形象有扭轉負面形象及塑造正面形象的作用，扭轉負面形象及塑造正面形象的效果，則依他國對該國的刻板印象強烈度而定[4]。

對於國家形象的本質，中共學者有很大的共識：第一，國家形象是一種綜合體，它是外國民眾和本國民眾對政治社會體制、國家行為、國家各項活動及其成果給予的總評價與認定[5]；第二，外國民眾和本國民眾、輿論對國家的總體判斷與社會評價[6]；第三，國際社會對一個國家的評價：它是一個國家政體、外交、內政、領導人、官員、人民、文化、歷史等諸方面的綜合形象，是資訊傳播與外交政策實踐綜合作用的結果[7]。

綜合上述，或許可從幾方面理解國家形象：

第一，國家形象是由國際社會與他國人民共同塑造，它不僅是一個國家客觀存在狀態的簡單反映，也是公眾對該國家的印象、態度、看法的總體反映。國家形象與身分認同（identity）互為表裡，國家形象的建構牽涉自我（self）及他者（others）關係的界定。一個國家因為他者存在而建構己身認同，他者也同時因為該國的存在而建構對其認同，國家形象就建立在自我－他者認同建構的交互作用上。

第二，國家形象與國家實力有重疊的地方，但是國家形象與國家實力不能劃上等號。過去常以軍事實力或經濟實力論斷某一國家形象的好壞，事實上這樣的看法並不能呈現全貌。國家實力是物質因素，屬於硬權力（hard power），而國家形象是心理因素，屬於軟權力（soft power），兩者之間是相互影響。換言之，國家實力型塑國家形象，而國家形象也可以反過來作為國家實力的構成要素。

---

4 Hongying Wang, "National Images Building and Chinese Foreign Policy," *China: An International Journal* Vol.1, No.1 (2003): 59-60.

5 管文虎（1999），《國家形象論》。成都市：電子科技大學出版社，頁23。

6 湯光鴻（2004），〈論國家形象〉，《國際問題研究》，第4期，頁19。

7 傅新（2004），〈全球化時代的國家形象〉，《國際問題研究》，第4期，頁13。

第三，國家形象需要塑造與行銷。沒有任何國家希望被他國或國際社會歸類為形象不好，而國家形象好壞的評斷標準在於該國體制及行為是否具備國際社會所認同的普世價值，如民主、人權、自由、法治、和平等價值。就實質內容而言，國家形象已經是當代公共外交（public diplomacy）、國際傳播（international communication）、國際公關（international public relations）的核心，而資訊科技則是關鍵性工具。

貳、中共的國家形象問題

國家形象與「品牌國家」的概念緊密相關。品牌是消費者對特定產品的心理傾向，品牌國家則為其他國家對於一個特定國家心理意向[8]。而一個國家給予他者的心理意向即為其國家形象，對一個國家而言，品牌代表好的形象，象徵在國際社會中的競爭力與影響力，一個不具品牌的國家意味著無法得到好感，在政治及經濟場域也會受到輕視或忽視。而傳統國際關係對物質實力的重視，也逐漸關注形象、聲望等心理因素。因此，現今許多國家藉由行銷手法，消除負面形象、強化正面形象，建立良好的國家品牌，已成為一個國家對外關係中不可或缺的工作[9]。

國家形象就代表國家品牌，具備優質國家形象就成為品牌國家。就行銷的角度來看，良好的國家品牌是需要透過傳播、宣導來建立、塑造的。而現今資訊科技的蓬勃發展，也就成為建立國家品牌的利器。中共在改革開放之後、經濟快速成長，整體國力大幅躍升，不過中共的「和平崛起」、「和平發展」、「和諧世界」的道路走得並不很順利，關鍵之一就是中共的國家形象問題。透過積極主動的作為並善用各種傳播媒介與文化

8 Peter Ham, “The Rise of the Brand State: The Postmodern of Image and Reputation,” *Foreign Affairs* 80 (September/October 2001): 2.

9 Peter Ham, “The Rise of the Brand State: The Postmodern of Image and Reputation,” 3.

交流，中共在樹立愛好和平與文明古國的國家形象與建構品牌國家的努力，已有重大進展。

長久以來，國際社會，尤其是歐美地區的民眾對中共抱持著兩種對立的印象，一種是寬厚的和建設性，另一種是惡毒的和威脅性。在1970年代，艾薩克斯（Harold Isaacs）曾有如此描述：「馬可波羅（Marco Polo）的名字幾乎在每個美國學童的心靈中留下了印象。與此印象相聯的是中國古代的強盛、文明、藝術和智慧的印象。由此又聯想到中國人作為一個民族廣泛擁有的一大堆值得稱讚的品德……。成吉思汗和他的蒙古游牧民呈現的是另一種與中國人緊密相關的形象：殘忍、野蠻、不人道；一大群不講情面、冥頑不化（impenetrable）、勢不可當（overwhelming）的人群……。」[10]

中國的正面與負面雙重形象「與時俱現」，從1990年代開始不斷引發爭辯，但焦點多著重於負面的國家形象，中共負面的國家形象主要是在政治、人權與衛生醫療等層面。

一、政治層面：「中國威脅論」

對中共而言，在政治層面最負面的國家形象是「中國威脅論」，儘管在西方文獻中早就存在「東方的睡獅」、「黃禍」等各種不同對中國因恐懼而產生的稱呼。然而從1990年代初期開始，許多媒體、專書和文章不斷探討「中國崛起」與「中國威脅論」，再一次喚醒大家對中國的關注。1995年年底有一期《經濟學人》（*The Economist*）曾刊登中國人習武的圖片，底下文字說明是：新復興起來的中國人展露出好戰本性，凸顯出國際社會對於「中國崛起」的擔憂。

國際社會對「中國威脅論」的主張主要是基於幾方面的認知：首先，中共是現今最大的社會主義國家，即便中共主張「中國特色的社會主

10 Harold Isaacs, *Images of Asia* (New York: Harper and Row, 1972), pp.63-64.

義」，這個「中國特色的社會主義」仍然對全球造成嚴重威脅[11]。第二，中國傳統的「大一統」、「皇權至上」等封建思想，和中國人的政治理念都會促使中國維持一種「帝國式」的權力統治方式，而非建立在鼓勵包容尊重和個人權利基礎上的多元民主政治[12]。中國做為一個龐大的東亞帝國所具有的「歷史特徵」，對於現今中共政治文化仍具相當的影響，相對的也決定中共對外的國際行為。所謂中國「歷史特徵」即是中國一直是具有「侵略性」的帝國，況且中共的新生代被教育成「緬懷中國王朝過去的光榮，也熟悉中國受到西方列強欺凌歷史」，他們被「灌輸」且認為美國正在抗拒中國在世界上取得應有的地位[13]。第三，歷經三十年的改革開放，中共經濟實力不斷增長，成為國際社會的經濟強權。在強大的經濟實力支持下，中共的國防支出增加也格外受到注目。當太平洋和遠東地區出現權力真空時，中共將獲得「戰略機會」去擴大此區的利益[14]。第四，石油能源是一個國家工業與經濟能力的最大動力來源。國際社會的石油能源有限且分配不均，各國對石油的需求也逐年增加。中共從1993年起已從石油出口國轉為石油「淨進口國」，特別是中共石油進口量逐年增加，成為世界第二大的石油消費國家。為了滿足石油的需求，中共已積極規劃石油戰略，中共對於石油與其他原物料的需求，可能會對其他國家的生存發展構成威脅[15]。

---

11 Richard Bernstein and Ross H. Munro, "The Coming Conflict with American," *Foreign Affairs* 76 (March/April 1997): 29.

12 Ross Terrill, *The New Chinese Empire: Beijing's Political Dilemma and What It Means for the United States* (New York: Basic Books, 2003).

13 Steven W. Mosher, *Hegemon: China's Plan to Dominant Asia and the World* (San Francisco: Encounter Book, 2000), pp.1-8.

14 Nicholas D. Kristof, "The Rise of China," *Foreign Affairs* 72 (November/December 1993): 59-74.

15 姜家雄、廖文義，〈中國崛起之石油戰略〉，中國崛起與全球安全學術研討會，政治大學外交學系主辦，2005年6月10日。

二、人權層面：法輪功事件

1989年「六四天安門」事件，中共以武力鎮壓民運分子的畫面透過美國有線電視新聞網（Cable News Network, CNN）傳播至全球各地，引發全球輿論對中共踐踏人權以及不人道行為的批判。1999年7月，中共以邪教之名取締「法輪功」也引起國際社會的關注，質疑其是否再一次大規模迫害人權。中共官方宣稱法輪功妨礙國家安全和社會安定，指控由於「法輪功」在中國大陸的信徒宣揚修練「法輪功」可以進天國，生病不需要吃藥，導致數以千計的人死於非命[16]。但「法輪功」方面則否認這一說法，認為他們的學員都知道自殺是不對，也沒有病人被強制不求醫、不吃藥。「法輪功」學員宣稱受到中共官方的酷刑迫害，高達一千多信徒死亡，數萬人被羈押，但因中共官方封鎖相關消息，大多數報導的真實性迄今並未得到有效證實。根據「法輪功」網站的說法，在中國大陸已經有超過十萬名「法輪功」信眾遭到迫害、勞改[17]。

國際輿論對於中共視「法輪功」為邪教的觀點多數持保留態度，國際媒體對於「法輪功」的報導，經常刊登「法輪功」學員在中國大遭迫害的畫面，認定「法輪功」只是民間宗教組織，而信徒享有基本集會結社與宗教信仰的自由。況且世界各地也有「法輪功」成員，並未傳出有明顯不正當的宗教活動。長久以來，「法輪功」組織懷疑中共對被羈押的法輪功學員進行非法的人體研究，希望其他國家能伸出援手協助調查。加拿大前亞太司司長、資深國會議員喬高（David Kilgour）和國際人權律師麥塔斯（David Matas）同意協助，組成獨立調查組進行調查，並於2006年7月6日對外公開發表一份《關於指控中共摘取法輪功學員器官的調查報告》（*An Independent Investigation into Allegations of Organ Harvesting of Falungong*

16 〈中國政府根據群眾要求依法處理「法輪功」〉，人民網：http://www.people. com.cn/BIG5/shizheng/16/20010115/379034.html.

17 請參閱「法輪功」網站：http://cipfg.org/cn/news/about_falungong.html.

Practitioners in China）。報告中指出：「根據目前掌握的情況，（法輪功）對中共的指控是真實的，我們的結論並不是從任何單一的證據中獲得，而是考慮過所有證據的結果。我們所考慮過的證據的每一部分本身都可以查證，而且大多數的案例都是無可辯駁。將這些案例綜合，即描繪出一個犯罪性的畫面。正是這些證據的組合，使我們對指控的真實性深信不疑。」[18]此報告出爐後，國際媒體大肆報導，對中共國家形象又大打折扣。總言之，中共自「六四天安門」到「法輪功」事件所凸顯的是，它已被貼上侵犯人權、不尊重宗教自由的標籤。而近幾年，蘇丹與西藏問題的浮現，也再度重傷中共政權的人權紀錄。

三、衛生醫療層面：SARS問題

2003年在中國大陸廣東地區首次爆發，後來擴散至各地的「嚴重性呼吸道症候群」（Severe Acute Respiratory Syndrome, SARS）是造成中共在衛生醫療嚴重負面形象的主因。根據世界衛生組織（World Health Organization, WHO）的統計，SARS病毒在2003年爆發期間（2002年11月至2003年7月），共侵襲二十六個國家與地區，全球感染病例達八千零九十八件，包括七百七十四人死亡[19]。

天然災害與疾病的爆發是不可預知的事件，沒有人會怪罪那些爆發疾病的國家。但是，對於隱瞞事實真相而導致疾病擴散的嚴重性，卻是國際社會無法接受。中共在SARS事件的處理上，沒有在第一時間公布事實真相，導致國際輿論撻伐聲不斷。美國《時代》（*Time*）雜誌在2003年4月

18 David Kilgour and David Matas (eds.), *An Independent Investigation into Allegations of Organ Harvesting of Falungong Practitioners in China*. 6 July 2006. http://organharvestinvestigation.net/Kilgour-Matas-organ-harvesting-rpt-July6-eng.pdf.

19 WHO, *WHO Guidelines for the Global Surveillance of Severe Acute Respiratory Syndrome*,http://www.who.int/csr/resources/publications/WHO_CDS_CSR_ARO_2004_1.pdf.

份的一篇標題為〈揭開中共SARS危機的面紗〉（“Unmasking a Crisis”）報導中提到，中共長久以來就不願面對它的衛生醫療問題。在SARS之前，中共即不願公開承認愛滋病（Acquired Immune Deficiency Syndrome, AIDS）在其境內的發展。數十年來，中共一直隱瞞致命傳染疾病的真相，希望這些疾病會在國際醫療團體介入之前，問題能夠解決[20]。

中共隱瞞SARS疫情被批露後，《遠東經濟評論》（*Far Eastern Economics Review*）大幅報導並批評中共對SARS相關訊息的嚴厲箝制，而阻礙了控制此疾病傳播的努力。如果中共不這麼嚴厲地控制相關資訊，疾病的發展結果可能大不相同。中共一直試圖淡化不斷增加的SARS感染人數、病例的真相，中共也嚴厲管制醫療人員不得向國外及國內記者透露疫情。更甚者，中共政府一再聲稱疫情已經得到控制，而事實卻是感染人數和死亡人數仍然在不斷增加[21]。

除了平面媒體的負面報導，國際電子媒體也對中共處理SARS的作為嚴厲批評，並把原因之一歸罪於中共長期以來縱容人民食用保育類動物。在國家地理頻道（National Geographic）、探索頻道（Discovery），或是其他國際新聞媒體的報導中，常常看見廣東地區的民眾吃食果子狸、穿山甲、娃娃魚等保育類動物，造就了「地上爬的、天上飛的、水裡游的動物，中國人都敢吃」的飲食形象。一項研究報告指出，果子狸SARS樣本病毒與人類SARS樣本病毒的相似度高達99%以上，說明人類SARS的傳染源來自動物[22]。在SARS剛爆發的前些時間，CNN、英國廣播公司（British Broadcasting Corporation, BBC）等著名國際新聞媒體各節頭條新聞皆以播報SARS為主，而美聯社（Associated Press）對中國大陸各地棄養寵物的情

20 Hannah Beech, “Unmasking a Crisis”, *Time*, April 14, 2003.

21 David Lague And David Murphy, “The China Virus,” *Far Eastern Economic Review*, April 10, 2003.

22 〈果子狸SARS樣病毒與人SARS樣病毒有99%以上的同源性〉，中國網：http://www.china.com.cn/chinese/2003/May/334922.htm.

形曾做深入報導，湖南民眾當街打死流浪狗的畫面，被歐洲與美國各電視台紛紛轉載。這種吃食保育類動物、殘殺動物等畫面在全球各地播出，已嚴重對中共國家形象造成負面影響。

叁、資訊科技與中共國家形象重塑

國際社會，尤其是國際媒體對每個國家都會有一種粗略的「國家形象」認知，這種形象認知不論是正面或負面，往往都可能是偏差、片面，不符合該國主觀期望，因此，國家試圖將既有形象轉換為「理想形象」。曼海姆（Jarol Manheim）提出一套形象傳播的轉換模式，以能見度（visibility）及評價（valence）兩項指標，說明形象轉換的運作發展過程。其中能見度指標依媒體報導程度分為高能見度與低能見度；評價指標則就報導立場分為正面評價與負面評價，根據這兩項指標，可勾勒出四個面向所組成的國家形象發展轉換圖[23]，請參見**圖4-1**。

依照曼海姆的解釋，在A面向的國家形象乃是一個高國際能見度，但卻是負面為主，如要重建國家形象，首先必須減少其負面形象的國際能見度（由A面向轉到B面向），然後再經過正面形象的累積逐漸轉到C面向，從C面向開始，國家形象進入正面，此時應強化國家的能見度，最終成為D面向，也就是一個高能見度、正面形象的國家。

中共在政治、人權、衛生醫療層面的負面形象導致整體負面國家形象，亦即中共位居曼海姆四個象限中的A、B面向而不是C、D面向。為了扭轉負面國家形象，中共積極地利用資訊科技，塑造與傳播正面國家形象的主要工具。1983年3月時，中共外交部首次引進了發言人制度。中國的新聞發言人制度分別在中央、省級和縣市級政府層級設立。發言人制度的

23 Jarol B. Manheim, *Strategic Public Diplomacy and American Foreign Policy: The Evolution of Influence* (New York: Oxford University Press, 1994), 131-135.

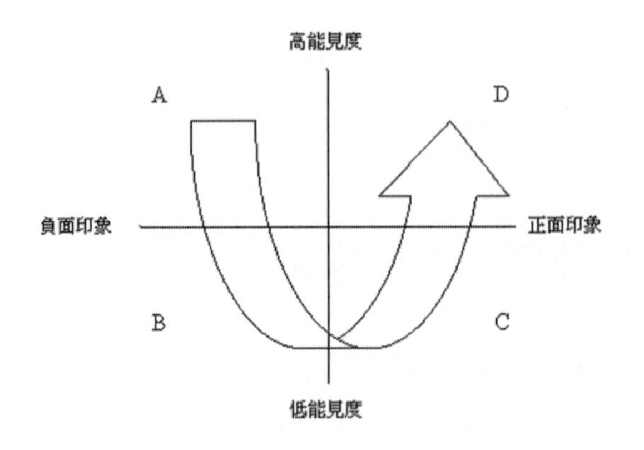

圖4-1 國家形象轉換圖

資料來源：Jarol B. Manheim, *Strategic Public Diplomacy and American Foreign Policy: The Evolution of Influence* (New York: Oxford University Press, 1994), 134.

目的是要建構中共在國外的正面形象、在國際社會傳播「正確」的資訊。目前，發言人制度利用各種方式來傳播資訊，包括：定期記者會、政府部門的官方簡報與新聞稿、重大事件的資訊提供等。透過新聞發言人制度，中共一方面希望能嚴格控制資訊的揭露，強化社會安定與提升民眾對政府政策的支持，另一方面則是要藉由主動提供第一手資訊，來改善中共的國家形象。

國家形象之塑造與傳播需要傳播媒介，而傳播媒介的角色與影響力隨著資訊科技的演變而有所不同，中共國家形象的型塑充分利用各種不同形式的資訊科技。過去，書籍、報紙、雜誌、廣播、電影、電視是國家形象傳播的重要工具。現今，資訊科技進步，網際網路無所不在，並結合傳統媒體，對於國家的「行銷」更為關鍵。

一、廣 播

有鑒於西方國家的國際廣播電台，如美國之音（Voice of America, VOA）、德國之聲（Deutsche Welle）等長時段、多據點的海外廣播，中共官方積極強化兩個重要國際廣播電台——中國國際廣播電台與中央人民廣播電台。創立於1941年12月3日的中國國際廣播電台，透過大陸本地發射、海外建立發射站、海外租機、租時段等方式，進行國際廣播。根據2003年的數據，中國國際廣播電台每天使用四十三種語言播出時數高達1,112.5小時（在中國大陸發射播出為511小時，海外發射播出為222.5小時，境外衛星、有線播出157.5小時，線上播出為221.5小時），涵蓋全球兩百多個國家。在2001年，聽眾來信突破九十萬封，名列全世界對外廣播前三強，成為世界最具影響力的廣播電台之一[24]。中國國際廣播電台重要節目「國際線上」使用的語言數量居世界第二，根據美國Alexa網站統計，以知名度指示排序，「國際線上」已成為全球國際電台網站首位[25]。至於成立於1940年12月30日的中央人民廣播電台，下設中國之聲、經濟之聲、音樂之聲、都市之聲、中華之聲、神州之聲、華夏之聲、民族之聲、文藝之聲等九套節目，使用閩南話、廣東話、客家話與國語（普通話）向台灣及港澳地區每天播出八十個小時，而2005年中共第一座海外無線廣播發射站也正式使用[26]。就其播放的內容而言，不論中國國際廣播電台或是中央人民廣播電台，都揮別以往強調意識型態的宣傳，朝向多元化發展。

二、電 視

中國中央電視台（CCTV）[27]，在中共官方積極的支持下，頻道擴增至十六個，其中第四頻道（CCTV-4）、第九頻道（CCTV-9）以及西班牙語法語（CCTV-E&F）等三個國際頻道的節目信號通過衛星傳送已覆蓋全球，並通過當地的有線電視、衛星電視、地面無線電視、網路電視

---

24 郭可（2003），《當代對外傳播》。上海：復旦大學大學出版社，頁23。

25 請參閱「中國國際廣播電台」網站：http://gb.cri.cn/cri/gk.htm 。

26 〈我國廣播影視走出去進入全面發展階段〉，廣播電視信息網：http://www.rti.cn /info.asp?id=200611200008。

27 1958年5月1日成立的北京電視台於1978年5月1日改名為中國中央電視台。

（Internet Protocol Television, IPTV）與寬頻網路。在英、美、法等一百多個國家和地區，以及許多國家的高級飯店，都可收看中國中央電視台的國際頻道節目。至2006年為止，國外CCTV-9與CCTV-E&F的收視戶達五千萬戶，CCTV-4也有超過一千五百萬戶，中國中央電視台的三個國際頻道在海外收視戶超過六千五百萬[28]。若以新聞專業度、收視戶與影響力來看，CCTV-9與CCTV-E&F雖然仍不及CNN與BBC，至少縮短原先顯著的差距。尤其是CNN與 BBC等新聞網播報有關中共負面形象消息時，中共也可透過CCTV-9與CCTV-E&F向其他國家與地區澄清與辯駁。在SARS事件與「法輪功」事件，中共官方就時常透過此二頻道向國際社會說明政策立場與事件的發展。此外，三個國際頻道的節目設計也用心良苦，文化藝術與產業科技的節目比例增多，向世界介紹中國傳統文化與產業科技發展對世界的貢獻，試圖提升國家形象。隨著1990年代下半期中國出現媒體整合風潮，許多大型的國際媒體集團在中國設立據點。中國與外國媒體也建立互惠的合作關係，且中共方面堅持要能在外國播放其節目。例如CCTV-9（中國中央電視台英文國際頻道）在美國就有近七十萬有線電視訂戶及五十萬衛星播送訂戶。

三、通訊社

美國的美國聯合通訊社（Associated Press）、英國的路透社（Reuters）、法國的法新社（L'Agence France-Presse, AFP）是國際知名三大通訊社，而中共官方通訊社「新華社」也在近幾年強化其規模與功能。新華社的前身是成立於1931年11月7日的「紅色中華通訊社」，1937年改名為「新華社」，在世界各地一百多個國家設立分社，而香港、墨西哥市、奈洛比（Nairobi）、開羅與布魯塞爾，分別設有亞太、美洲、非洲、

28 〈我國廣播影視走出去進入全面發展階段〉，廣播電視信息網：http://www.rti.cn/info.asp?id=200611200008。

中東、歐洲等總分社。（參見**表4-1**）新華社駐外人員約有五百餘名，其中三百多名為記者、編輯人員。每天二十四小時以中文、英文、法文、俄文、西班牙文、阿拉伯文、葡萄牙文等七種語言向世界傳播訊息。

「新華社」於每年都會舉辦新聞學術研討會，針對其過去與未來的新聞報導進行深入探討。新華社對於重大事件第一時間的掌握已有重大的進步，如2003年美國對伊拉克開戰的第一時間，新華社比國際三大通訊社還要快速的向全球發布訊息（參見**表4-2**）。不過，外語人才缺乏、人員培養與專業訓練問題仍是新華社發展的限制[29]。整體而言，不論是投入的資金或者擴展的規模，新華社具備成為國際大通訊社的潛力。當新華社逐漸成為國際知名的通訊社後，影響力已相對提升，對於建構中共國家形象或者扭轉其負面國家形象有實質的幫助。

四、網際網路

根據2007年2月的統計，全球網際網路用戶已經超過10.9億，覆蓋全

表4-1 新華社在世界各地的分社數

地區	亞太	美洲	非洲	中東	歐洲
分社數目	22	19	19	19	23

資料來源：新華社，http://203.192.6.89/xhs/zwfs.htm。

表4-2 國際通訊社對2003年3月20日美國攻擊伊拉克的第一時間報導

時間	通訊社
10:33:50	新華社
10:34:26	美聯社
10:35:44	路透社
10:36:36	法新社

資料來源：李博（2003），〈新華社向全球首播〉，《中國記者》，第4期，頁51。

29 田聰明（2005），〈關於新時期加強新華社新聞信息報導的若干思考〉，《中國記者》，第6期，頁4-5。

球人口的16.6%。北美洲和澳洲的網際網路用戶滲透率分別達到69.4%和53.5%。網際網路使用最多的前五種語言是英語、中文、日語、西班牙語、德語，其用戶數分別為英語3.27億，中文1.53億，日語8,700萬，西班牙語8,600萬，德語5,800萬。網際網路作為一種快捷的資訊平台，逐漸成為許多人獲取資訊的重要管道。Pew Internet and American Life Project曾經調查，在美國的寬頻用戶中有43%的人通過網際網路獲取新聞。大約有34%的人稱網路占據他們大多數的時間，而有33%的人則表示休閒時間會選擇看電視。在歐洲，人們從網際網路獲取重要新聞和資訊已經超過了報紙和雜誌。市場調查研究機構Jupiter Research公布2007年最新研究報告顯示，儘管對於許多歐洲人，電視仍然是主要的媒介，但獲取重要新聞和資訊時，花費在網際網路的時間是觀看電視的三倍[30]。

中國大陸網際網路媒體的發展以1995年為起點，經過十餘年的發展，尤其是自2000年以來，近七年來的快速發展，已經形成完整的布局和體系。從中央到地方布局看，有三個層次：中央重點新聞網站、省級重點新聞網站和重要城市新聞網站，大量的綜合新聞網站和媒體網站構成了規模可觀的網際網路新聞傳播矩陣。經由網際網路的傳播來塑造國家形象，已成中共中央政府工作重點，中共中央總書記胡錦濤在中共中央政治局第三十八次集體學習時指出，「要加強網路文化建設和管理……高度重視和切實加強網際網路新聞宣傳工作，努力掌握網上輿論引導的主動權，使網際網路站成為傳播先進文化的重要陣地。」[31]中共深刻體認到網際網路的特性與功能，透過網際網路傳播其正面國家形象。

中國大陸每年舉行無數場的網際網路研討會，由中共中央新聞辦公室指導，各重要新聞網站共同主辦的每年一次「中國網路媒體論壇」研討會

30 〈用網際網路塑造中國國家形象〉，新華網，http://big5.xinhuanet.com/gate/big5/news.xinhuanet.com/newmedia/2007-02/27/content_5778041.htm.

31 http://big5.xinhuanet.com/gate/big5/news.xinhuanet.com/newmedia/2007-02/27/content_5778041.htm.

是個代表。此研討會成立於2001年，至2007年為止共舉行過七屆研討會。（參見**表4-3**）每次研討會中共新聞官員都會參加並發表重要演說，而與會的記者、學者也會發表重要的文章。以2006年為例，研討會的主題是〈網路媒體發展與和諧網路建設〉，其下分四個子題討論，其中「網路媒體與中國國家形象」是一個探討的重點。與會人士表示，此研討會本身就是一個很好的國家形象宣傳途徑，因為透過網際網路，全球各地都知道有此研討會，而在第二屆與會有關單位共同簽訂的「保護網路作品權利資訊公約」，可改變其他國家對以往中共不注重「智慧財產權」的看法，這有助於國家形象的建立[32]。

中共官員也懂得利用網際網路與網友對話，積極主動為政策宣導。過去，中共政府官員與一般民眾，只能通過面對面方式接觸。西方國家習以為常的政府官員透過網際網路與網友對話，在中國大陸的最近幾年也逐漸盛行。2003年12月23日下午，中共外交部長李肇星通過外交部網站「中國外交論壇」和新華網「發展論壇」與公眾進行線上交流。李肇星就當前國際問題，與網友交流近兩個小時，回答了網友提出的五十多個問題[33]。

表4-3　歷屆「中國網路媒體論壇」的舉辦

年份	地點	主題
2001	青島	
2002	蘇州	網路媒體發展趨勢及內容建設
2003	北京	中國網路媒體的社會責任
2004	南昌	重構新一代互聯網
2005	杭州	網路媒體與和諧社會
2006	昆明	網路媒體發展與和諧網路建設
2007	三亞	國家文化軟實力與網路媒體新發展

資料來源：筆者自行整理。

32 〈第六屆中國網路媒體論壇〉，http://www.chinadaily.com.cn/forum2006/wenzi4.html.

33 〈李肇星談2003年中國外交〉，http://bbs.fmprc.gov.cn/fangtan/20031223/.

「中共政府網」也常邀請中央重要官員在線上與網友對話，並回答網友的問題。為了有效利用網際網路無遠弗屆與快速傳播資訊的性能，中共官方在網際網路成立中國國際廣播電台網站、中央電視台中央網、新華網、人民日報網、中國網等，充分將網際網路做為宣導中國、塑造正面國家形象、建立國家品牌的工具。其中，新華社成立新華通訊網站，於2003年3月更名為新華網，同年7月改版，並啟用www.xinhuanet.com的網址，目前新華網影響力涵蓋全球二百多個國家和地區、全球網站綜合排名前一百名、中國網路協會「中國網站排名」新聞類第一名、中國「最具影響力網站獎」及「最具影響力網站品牌」，這些在在都說明新華網藉由網際網路達到的成就，及由網際網路塑造其國家品牌的企圖。

五、電 影

電影也是樹立國家形象的文化產品，過去中國大陸拍攝的電影，題材比較單調，創意不足，有些影片過於追求形式，缺乏與現代生活緊密聯繫的題材。更甚者，電影淪為呼應政府的行政命令而非市場需求[34]。近年來，中國大陸拍攝的電影已有所改變，多元化的呈現是其主要的特色，比較耳熟能詳的影片如古裝與功夫片《英雄》、《十面埋伏》、《滿城盡帶黃金甲》、保護生態片《可可西里》、文藝片《大紅燈籠高高掛》，這些影片不僅在許多國家都有上映，也獲得坎城影展、柏林影展與奧斯卡等國際重要影展高度的評價。

西方國家的大製片家與大導演，如史蒂芬史匹柏（Steven Spielberg）、史派克李（Spike Lee）、史考特父女（Ridley & Jordan Scott）、卡提亞蘭德（Katia Lund），具有高知名度，透過其作品對國家形象有加持的作用。中國大陸也有國際知名的導演如張藝謀、陳凱歌等人，並樹

34 洪浚浩，賀文發（2006），〈中國電影近年在美國受歡迎的社會與文化原因〉，《電影新作》，第4期，頁53。

立特殊風格的電影品牌。此外，中國大陸拍攝的電影也逐漸與國際電影接軌，如2006年拍攝完成的《東京審判》（Tokyo Trail）即是一個例子。該電影主要是檢討戰爭及戰爭責任，以發生在1946年同盟國《遠東軍事法庭》對日本東條英機等二十八名甲級戰犯的艱難審判過程為背景。《東京審判》引起正反兩面的評論，主要爭議為電影劇情是否符合史實。導演高書群也不諱言是要拍一部批判日本軍國主義的作品，所以根本不是什麼客觀的歷史紀錄[35]。儘管有批評聲，《東京審判》卻是第一次由中國大陸導演以幾乎全外語的形式拍攝國際題材，提出自己的觀點與論述，而不讓西方國家獨占對歷史事件的論述與評斷。

六、漢語國際化

文化力（cultural power）通常是指國家或種族團體施加給其他國家或種族團體的文化價值觀，就如葛蘭西（Antonio Gramsci）所提出的「文化霸權」（Cultural Hegemony）的概念[36]。然而，文化力的使用不單是強制和勸誘的方式。根據奈伊（Joseph S. Nye）的說法，國家的軟權力基本上有三個來源：文化（如何吸引他人）、政治價值（符合國內外的期待）及其外交政策（這些政策被視為具有合法性與道德權威性）[37]，也就是一種具有指導性、吸引性和仿效性的力量。作為國家軟權力的重要成分之一，文化吸引力不僅影響許多人的生活和國家內部的社會發展，還直接影響了國家之間的關係，幫助國家達成重要的外交政策目標。在這些過程中，「形象」因素具有關鍵的地位。國際關係學者也強調國家形象建造

35 http://www.cuhkacs.org/~benng/Bo-Blog/read.php?529.

36 葛蘭西學派理論試圖去解釋正統馬克斯主義者所預測的無產階級「無可避免」的革命，為何沒有在二十世紀初期發生。參見：Antonio Gramsci, Selections from Political Writings(1921-1926), translated and edited by Quintin Hoare (London, U.K.: Lawrence and Wishart, 1978).

37 Joseph S. Nye, Jr., *The Paradox of American Power: Why the World's Only Superpower Can't Go It Alone* (New York: Oxford University Press, 2002), 12.

（national image building）的主題。奈伊表示，如果一個國家的文化和意識型態具有吸引力的話，其他國家會更願意追隨他，強調了國家形象是運用國家軟權力的重要管道[38]。

無可諱言，中國文化是中共國家形象的最大利基，中國文字就是中國文化的精髓，因而中共勢必要將型塑正面國家形象、發揚中國文化、與推廣中國文字視為三位一體。中文不僅是中國五千年文化與思想的結晶，也是國際社會快速發展的商業媒介，實用價值已超過了法文、德文，甚至日文，而未來全球對於中文教育的需求也隨著中共整體國力的提升，必然持續增加。由於中國文化的吸引力，中共也採取許多措施來推廣中文。首先，效法英國的英國文化協會（British Council）、法國文化協會（Alliance Française）、德國的歌德學院（Goethe Institute）和西班牙的塞萬提斯學院（Cervantes Institute），中共於1987年成立了「國家對外漢語教學辦公室」（National Office for Teaching Chinese as a Foreign Language, NOTCFL），以促進中文在國外的推廣。2004年，中共國務院批准了「漢語橋計畫」（Chinese Bridge Project），建立海外的孔子學院（Confucius Institute），並發展多媒體視聽教材，這是中共首次正式有計畫有系統的廣泛推廣中文。

第一個孔子學院是在2004年11月21日於南韓首爾成立，非洲則是於2005年底時，在肯亞設立了第一個孔子學院。孔子學院的目標是欲在五年內訓練出一億新的中文使用者，而目前全世界非華人學習中文的人數約有三千萬人，超過一百個國家的二千三百所大學在教授中文課程。2005年下半，中共「國家對外漢語教學辦公室」已經在全球二十三個國家設立了三十二個孔子學院[39]，還有超過一百個外國組織和中共聯繫要成立孔子學

38 Joseph S. Nye, Jr., *Soft Power: The Means to Success in World Politics* (New York: Public Affairs, 2004), 11-15.

39 Tim Johnson, "China Muscles in: From Trade to Diplomacy to Language, the U.S. Is Being Challenged," *The Gazette*(Montreal), 30 October 2005.

院。國家對外漢語教學辦公室希望能在2010年前在全球設立一百個孔子學院。此外，被稱為「中文托福」的「漢語水平考試」（Chinese Proficiency Test）於1990年開始舉辦，參加人數以每年40%到50%的速度成長。「中文托福」在三十七個國家設立了一百五十四個考試點，目前已有超過四十萬人參加過該項考試。

肆、邁向「品牌國家」？

隨著中共國力的增長，中共的影響力與國家形象更加成為國際社會關心的議題。近幾年，一些證據顯示中共的國家形象有顯著的變化，國際社會對中共負面的觀感降低，對中共正面的形象則躍升。在部分歐美國家，中共仍然面臨負面形象問題，但就整個國際社會而論，特別是在亞洲、非洲與拉丁美洲，民眾對中共的認同已經超越許多西方國家，中共「品牌國家」的建構可說是前景看好。

2005年3月7日，BBC公布了一項二十二個國家的調查研究結果，在受訪民眾心目中，中共的國家形象良好，認為中共對世界影響是積極和正面的國家和人數，超過了美國和俄羅斯。這項調查是BBC委託全球輿論調查公司（Globescan）和美國馬利蘭大學「國際政策態度計畫」（Program on International Policy Attitudes, PIPA）聯合進行的（參見**表4-4**）。調查的主要內容有三個方面：第一，如何看待中共對世界的影響。在二十二個國家中，有十八個國家的民眾對中共持正面看法。整體而言，48%的受訪民眾認為中共對世界的影響是正面的，30%的受訪民眾則持負面看法。除日本外，美國、德國和波蘭的受訪者認為中共對世界的消極影響大於積極影響。第二，是否希望中共經濟一步強大。調查發現，49%的受訪者的答案是肯定的，33%的受訪者持否定態度。第三，是否希望中共軍力進一步強大。總體來說，有24%的受訪者認為中共軍力增長對世界將產生積極影響，但有59%的受訪者認為中共軍力增長對世界是有負面影響。最不希望

表4-4 民眾如何看中共對世界的影響（百分比）

國　家	持積極態度	持消極態度
黎巴嫩	74	9
菲律賓	70	23
印尼	68	20
印度	66	20
南非	62	25
智利	56	15
澳大利亞	56	28
巴西	53	32
法國	49	33
加拿大	49	39
韓國	49	47
英國	46	34
阿根廷	44	26
俄羅斯	42	27
義大利	42	40
美國	39	46
西班牙	37	33
土耳其	34	36
德國	34	47
墨西哥	33	28
波蘭	26	33
日本	22	25
總　計	48	30

資料來源：全球輿論調查公司（Globescan）。

看到中共軍力增長的國家是日本，只有3%的受訪者對此持積極態度，高達78%的受訪者對此持消極態度。全球輿論調查公司首席執行官米勒（Doug Miller）的助手、本次調查策劃小組成員考蒂爾（Chris Coulter）認為，當今世界普遍不支持用軍事手段解決國際問題，國際社會對於2003年美伊戰爭的反應，就是一個明顯的例子。大多數國家的民眾不希望中共憑藉擴張軍事力量的方式，而希望中共通過「軟權力」（如經濟、文化和外交力量等）來擴大參與國際事務，發揮國際影響力。

美國Pew研究中心（Pew Research Center）於2006年春天針對美國及幾個亞洲國家的民眾，進行對彼此國家態度的調查。在美國，對中共持友善態度的民眾為47%，較2005年5月的調查增加了5%，持不友善態度的民眾則由53%降為43%；最重要的是美國民眾對中共持友善的態度多於持不友善的態度。在日本，對中共持友善態度的民眾只有21%，但也比2005年5月的調查上升了4%，持不友善的態度的民眾則由76%減為70%。南韓、北韓、印度及巴基斯坦是在2006年首次列入此項調查，在印度及巴基斯坦，民眾對中共持不友善態度的百分比是大於持友善態度的百分比，但是南韓及北韓民眾對中共友善的百分比分別為64%與51%，均大幅超過不友善的百分比（18%與31%）[40]。

美國《時代》週刊於2007年3月26日公布的全球最新民意調查，中共名列全球最受敬重的前五個國家之一。這五個國家得到的民意支持率分別是：加拿大及日本54%、法國50%、英國45%、中共42%。除中共以外的二十六個參與調查國家，十六個國家的多數民眾對中共持正面評價，九個國家對中共持負面印象的民眾占多數，一個國家沒有形成相對多數意見。平均而言，中共在這二十六個國家民眾獲得的正面評價為42%，負面評價為32%。對中共評價最高的國家，主要分布在非洲國家和部分中東國家，而對中共持負面評價的國家，主要集中在歐洲和美國[41]。

中共新華網於2006年5月中旬，對非洲國家一百二十一個具代表性的民眾，進行中共在非洲的整體形象的問卷調查，六十八名受訪非洲民眾中，有76%認為中共在非洲的整體形象是正面的，10%是中性，其餘的14%認為是負面。雖然樣本數過少，多數非洲國家民眾對於中共形象持正面的態度，應該與事實相符合。而中共正面形象的內涵則包括中共政治體制符合該國國情、中共的崛起並非是威脅、中共的經濟發展模式是非洲國家

40 http://pewglobal.org/reports/pdf/255topline.pdf.

41 “Hearts and Minds”, Time, March 26, 2007.

的樣版，及中共在國際社會維護非洲國家[42]。

伍、結 論

資訊科技對於中共重塑國家形象的努力至為重要，面對西方國家長期以來在資訊傳播與資訊科技領域的絕對優勢，要成功地改變國家形象，中共必須善用資訊科技，打破西方媒體對於國際資訊傳播的壟斷。事實顯示中共在邁向「品牌國家」的進程已經有所進展，而2008年北京奧運會將可能是另一個絕佳舞台，

奧運會是舉辦國塑造國家形象的契機與場域，從歷屆奧運會的歷史來看，奧運會不僅是全球性的體育競賽，同時也是世界各國傳播媒體的角力。從1976年開始，奧運會新聞記者的數目就不亞於運動員的數目，參加2004年雅典奧運會新聞報導的記者有上萬人。傳播媒體報導的不僅僅是奧運會的賽程，通過他們的畫面、聲音、文字，也將傳播出奧運會舉辦國的國家形象。

自從1984年起，中共一直希望藉由奧運會來投射國家的文化力。體育競賽一直是中共反擊東亞病夫「孱弱」刻板印象，展現國力的的重要機制[43]。毫無疑問地，2008年北京奧運可能是中共邁向現代化國家的一個分水嶺。中共希望以2008年北京奧運會為跳板，樹立中共的正面形象，打造國家品牌，是不言可喻的。2006年10月中共總理溫家寶會見國際奧委會主席羅格（Jacques Rogge）時表示，中共高度重視2008年奧運會的籌辦工作，提出了「有特色、高水平」的目標。「有特色」就是要體現「綠色奧運、科技奧運、人文奧運」三大理念；「高水平」就是要按照奧運會的標

42 http://news.xinhuanet.com/herald/2006-11/06/content_5294430.htm.

43 http://big5.xinhuanet.com/gate/big5/news.xinhuanet.com/video/2006-10/25/content_5249030.htm.

準圓滿完成賽事。中共承諾為各國或地區的運動員、官員、媒體、觀眾提供符合奧運會標準的服務，通過奧運會的舉辦，將一個民主、開放、文明、友好、和諧的中國展現給世界[44]。

2008年北京奧運會是否能夠為中共成功地型塑國家形象、打造「品牌國家」，仍要取決於許多因素。不過，資訊科技必定扮演一個重要角色。截至目前，中共仍倚重傳統資訊科技，諸如廣播、電視等從事國際宣傳，對於網際網路等先進科技的進用還是在起步階段，與西方先進國家有落差。如何打破政治禁忌，鬆綁資訊傳播以及傳播科技的管制，以博取國際社會的友誼與認同，將是舉世關心與注視的發展。

44 〈溫家寶總理會見國際奧會主席羅格〉，新華網：http://big5.xinhuanet.com/ gate/big5/news.xinhuanet.com/video/2006-10/25/content_5249030.htm.

參考書目

中文部分

田聰明（2005），〈關於新時期加強新華社新聞信息報導的若干思考〉，《中國記者》，第6期，頁4-5。

姜家雄、廖文義（2005），〈中國崛起之石油戰略〉，2001中國崛起與全球安全學術研討會。台北：政治大學外交學系。

洪浚浩，賀文發（2006），〈中國電影近年在美國受歡迎的社會與文化原因〉，《電影新作》，第4期，頁50-55。

郭可（2003），《當代對外傳播》。上海：復旦大學大學出版社。

傅新（2004），〈全球化時代的國家形象〉，《國際問題研究》，第4期，頁15-19、73-77。

湯光鴻（2004），〈論國家形象〉，《國際問題研究》，第4期，頁20-25、73。

管文虎（1999），《國家形象論》。成都：電子科技大學出版社。

謝德風譯（2000），《伯羅奔尼撒戰爭史》（Thucydides原著，*The History of the Peloponnesian War*）。台北：台灣商務。

外文部分

Beech, Hannah, 2003, "Unmasking a Crisis", *Time*, April 14.

Bernstein, Richard and Ross H. Munro,1997, "The Coming Conflict with American", *Foreign Affairs* 76 (March/April), pp.18-32.

Boulding, Kenneth, 1959, "National Images and International Systems", *The Journal of Conflict Resolution* 3 (June), pp.120-131.

Gramsci, Antonio, 1978, *Selections from Political Writings*(1921-1926), translated and edited by Quintin Hoare, London, U.K.: Lawrence and Wishart.

Ham, Peter, 2001, "The Rise of the Brand State: The Postmodern of Image and Reputation", *Foreign Affairs* 80 (September/October), pp.2-6.

"Hearts and Minds",2007, *Time*, March 26.

Isaacs, Harold, 1972, *Images of Asia*, New York: Harper and Row.

Johnson, Tim, 2005, "China Muscles in: From Trade to Diplomacy to Language, the U.S. Is Being Challenged", *The Gazette* 30 (October), pp.

Kristof, Nicholas,1993, "The Rise of China", *Foreign Affairs* 72 (November/ December), pp. 59-74.

Lague David, and David Murphy, 2003,"The China Virus", *Far Eastern Economic Review* 167(April), pp.12-15.

Morgenthau, Hans, 1993, *Politics Among Nations*, New York: McGraw-Hill.

Manheim, Jarol, 1994, *Strategic Public Diplomacy and American Foreign Policy: The Evolution of Influence*, New York: Oxford University Press.

Mosher, Steven, 2000, *Hegemon: China's Plan to Dominant Asia and the World*, San Francisco: Encounter Book.

Nye, Joseph Jr., 2002, *The Paradox of American Power: Why the World's Only Superpower Can't Go It Alone*, New York: Oxford University Press.

Nye, Joseph Jr., 2004, Soft Power: *The Means to Success in World Politics*, New York: Public Affairs.

Terrill, Ross, 2003, *The New Chinese Empire: Beijing's Political Dilemma and What It Means for the United States*, New York: Basic Books.

Wang, Hongying, 2003, "National Images Building and Chinese Foreign Policy", *China: An International Journal*, Vol.1, No.1, pp.46-72.

網際網路

http://www.rti.cn/info.asp?id=200611200008

http://gb.cri.cn/cri/gk.htm

http://www.cuhkacs.org/~benng/Bo-Blog/read.php?529

http://cipfg.org/cn/news/about_falungong.html

http://news.xinhuanet.com/herald/2006-11/06/content_5294430.htm

http://bbs.fmprc.gov.cn/fangtan/20031223/

http://www.chinadaily.com.cn/forum2006/wenzi4.html

http://big5.xinhuanet.com/gate/big5/news.xinhuanet.com/newmedia/2007-02/27/content_5778041.htm

http://big5.xinhuanet.com/gate/big5/news.xinhuanet.com/newmedia/2007-02/27/content_5778041.htm

http://www.rti.cn/info.asp?id=200611200008

http://pewglobal.org/reports/pdf/255topline.pdf

WHO, WHO Guidelines for the Global Surveillance of Severe Acute Respiratory Syndrome, http://www.who.int/csr/resources/publications/WHO_CDS_CSR_ARO_2004_1.pdf

〈果子狸SARS樣病毒與人SARS樣病毒有99%以上的同源性〉，中國網：http://www.china.com.cn/chinese/2003/May/334922.htm

〈中國政府根據群眾要求依法處理「法輪功」〉，人民網：http://www.people.com.cn/BIG5/shizheng/16/20010115/379034.html

David Kilgour and David Matas (eds.) *An Independent Investigation into Allegations of Organ Harvesting of Falungong Practitioners in China*. 6 July 2006. http://organharvestinvestigation.net/Kilgour-Matas-organ-harvesting-rpt-July6-eng.pdf

第三篇

他山之石：日本電子化政府之經驗

■第五章　日本科技行政組織與科技政策決策之分析

■第六章　日本行政改革過程中電子化地方自治體的作用——以擴大參與及深化民主為焦點

第五章　日本科技行政組織與科技政策決策之分析

楊鈞池　高雄大學政治法律學系副教授

摘 要

日本科技實力一向受到肯定。日本政府在1995年通過「科學技術基本法」確立「科技創新立國」的目標。可是日本的科技發展卻偏重於技術生產的商品化發展，忽略基礎科學教育的落實；科技決策體系偏重於官僚體系的指導與介入，忽略科技研發的創新。這兩種「偏差的動員」使得日本科技發展受到相當大的限制。日本科技行政組織與科技政策決策自1990年代起有大幅度的改革，日本首相掌握科技發展的整體性目標與策略，以及政府公布科學技術基本法與科學技術發展計畫，可說是最大的兩個變化，而且也是最具有分析意義的對象。而且，從科技行政組織與科技政策決策機制的改革，也可以進一步釐清，日本最近一波行政改革的意義，亦即，日本首相擁有較大的決策權限，並且以整體性角度來思考日本政策，以符合民眾的需求。

關鍵詞：日本政治；行政改革；發展國家型；科技政策；綜合科學技術會議；科技基本法

壹、序　論

日本科技實力一向受到國際社會的肯定。1987年2月，美國科學及工程領域產官學在國家研究諮詢小組（National Research Council）的支持下，出版「看不見競爭優勢報告」（the hidden competitive advantage），一方面提出如何提升美國競爭力的方法，另一方面則讚許日本科技管理較有效率，美國產業無法與日本相競爭[1]。自此以後，美國提倡「科技管理」革命，改善科技管理教育與研究體系，並且促使柯林頓政府改變美國以民間主導科技發展的傳統作為，轉為以「政府指導」為原則，並結合民間工商業與學術界共同發展與推廣創新技術，增加國際競爭力與總體經濟成長[2]。影響所及，日本以及其他國家在1990年代亦紛紛改革科技政策決策機制，或是提倡「知識經濟」，企圖維持各國在科技發展的優勢。

對日本而言，自從明治維新以來即以「富國強兵」、「殖產興業」、「文明開化」為三大戰略目標，「科技發展」則是實踐此三大戰略目標的一個重要手段[3]。尤其是，科技發展可以轉換成為軍事武器的實質力量，科技發展可以作為企業界降低生產成本或提高工廠產量，科技發展更可以作為教育的基礎，全面性提升國民知識水準。因此，日本自從明治維新時期即把科技發展做為重要的基本國策之一。

二次世界大戰結束以來，日本政府依舊重視科技發展。此一階段日本科技發展歷史大致可分為四個階段，一是1945年到1959年的「外國技術

1 袁建中、張建清、邱太平（2004），《科技管理——觀念與案例》。台北：聯經出版社。頁iii-iv。

2 徐作聖、賴賢哲（2005），《科技政策理論與實務》。台北：全華科技圖書出版股份有限公司。頁80-85。

3 日野幹雄（2002），〈日本人の科學・技術における獨創性〉，中央大學大學院總合政策研究科「日本論委員會」編，《日本論II：政策と文化の融合》。東京：中央大學出版部。頁177-205。

引進時期」，日本政府與企業界向國外購買專利權後，進而投入國內工廠的模仿與生產。此一階段基本上是以企業為主體，以市場為主導，以培育自主創新能力為目的。二是1960年代起，隨著日本生產技術的能力成長，日本引進外國先端技術的模式逐漸改變，轉向以提高國際競爭力為目標的「確立自主研發時期」，增加本國科研投入的經費。三是1970年代到1980年代，日本又從「技術引進依賴型」轉向「轉移促進型與科技發展型」，在製造業、醫療衛生、能源開發、環境保護等領域發揮技術優勢，大幅度提高本國人民的生活質量，強化作為經濟大國的科技實力。然而，長期以來日本只重視那些具有商業目的的科技活動，科技投入也是以企業為主的作為，不重視基礎研究的結果，反而成為日本與其他已開發國家科技政策與行政體制的最大差異點。

第四個階段是1990年代，日本科技政策逐漸重視如何解決經濟社會發展的衍生問題；這些經濟社會衍生問題包括：日本因為自然資源的缺乏與人口的老年化，面對全球競爭力下滑的趨勢，日本需要創新的科研能力與技術。再加上，以日本企業為主體的科技發展體制，往往因為日本企業固有的「年公序列」[4]以及「終身雇用」等特有制度之影響，造成科技體制因缺乏彈性而失去競爭力，難以吸引日本國內外具有創意的年輕專家從事科研活動，也相對地增加了政府對這些基礎性科研工作的介入與投入，如此一來，日本行政組織如果無法建立更靈活且更具有效率的科技管理體制，日本科技發展勢必不如美國等其他世界級的競爭對象。

也就是說，日本科技實力儘管受到肯定，可是，正如曾任日本科學技術政策擔當大臣尾身幸次[5]所指出的，日本的科技發展偏重於技術生產的商

4 日本上班族在公司的升遷以及相關的待遇，基本的判斷準則是以其在公司的年資為主，升遷過程也是依照既有體制，依序升遷，很少有特殊的跳升機會。

5 尾身幸次現為日本的財務大臣。

品化發展，忽略基礎科學教育的落實[6]；科技決策體系偏重於官僚體系的指導與介入，忽略科技研發的創新[7]。這兩種「偏差的動員」使得日本科技發展受到相當大的限制。因此，日本科技行政組織與科技政策決策機制，在1990年代有大幅度改革的急迫性與必要性。

日本科技行政組織與科技政策決策機制，在1990年代有結構上的實質改變，其中最大的兩個變化，而且也是最具有分析意義的對象，分別是：日本首相掌握科技發展的整體性目標與策略[8]，以及1995年公布的「科學技術基本法」，明確指出政府發展科技的目標與核心策略是「科學技術創新立國」，亦即「從科技立國到科學技術創新立國」。本文的研究動機在於，為何日本政府積極在1990年代進行科技行政組織與科技政策決策體系的調整？由於這些組織調整與制度改革，又屬於日本政府在1990年代推動行政改革的一環，吾人又如何從這些調整來了解與分析日本在此一階段進

6 根據日本文部科學省公布2005年科學技術白書的資料，（http://www.mext.go.jp/b_menu/houdou/17/06/05060903/041.pdf），從1995年以來日本每一年科技發展的經費至少有十四兆日圓，美國至少有三十二兆日圓，德國至少有七兆日圓，法國至少有五兆日圓，英國有四兆日圓。可是日本政府對科技發展的預算編列，只占全國科技經費總支出的20%左右，企業界則提供70%以上。相對的，美國、德國、法國、英國政府對科技發展的預算編列，占在其全國科技經費總支出至少有30%，法國甚至接近40%。此外，日本政府提供科技發展的預算，投入基礎性科研的比例在1995年以前只有15%，1995年以後則逐年增高比例，2003年的資料顯示，日本政府科技預算已有30%投入基礎性科研工作。相對的，美國政府科技發展預算投入基礎性科研工作從1981年以來平均每年超過20%，尤其是1999年以來，美國政府科技發展預算投入基礎性科研項目每一年皆超過25%。

7 尾身幸次 著，蕭仁志 譯（2006），《科技維新——日本再起》。台北：時報文化出版企業股份有限公司。

8 日本政府雖然早在1956年即成立科學技術廳，專責科技政策。然而，日本科技發展仍然出現行政學理論所謂的「部門主義」，其他各省廳堅持自己的科技發展政策。例如，通產省堅持與企業生產有關的科技發展需由通產省或通產省工業研究所來主導，建設省亦主張涉及建築之科技發展，厚生省對醫療科技發展的主控，文部省堅持對教育體系的研發項目之管轄。這樣的「部門主義」反而導致科學技術廳成為一個相對弱勢的行政機構，專責核能安全與太空事業研究發展。

行行政改革的意義呢？

本文嘗試分析：自1990年代以來，日本科技行政組織與科技政策決策的改革，除旨在釐清政府、企業與學術界對科技發展的分工合作體系，企圖解決上述之「偏差的動員」外，日本科技行政組織與科技政策決策也希望能夠從全球科技發展的角度，致力提升日本科技在全球科技的影響力[9]。因此，日本科技發展之行政組織與科技政策決策體系的改革，不僅直接影響到日本科技發展的成效與失敗，也是作為評估日本行政體系及其表現面對全球化競爭的一個重要觀察對象。後者也促使本文作者注意到，從日本科技行政組織與科技決策機制的調整，其實也反映日本最新一波行政改革的特殊意義，亦即，日本首相擁有較大的決策權力，並且可以從整體性角度來思考日本的總體政策，以符合民意的需求。

本文撰寫的目的，主要是分析1990年代日本科技行政政策決策體系的改革，並且藉此進一步分析日本最新一波行政改革的特殊意含，尤其是了解日本如何透過「小而能政府」的概念與實踐，透過中央省廳重組來調整科技決策機制，而能提升日本科技發展在全球的競爭實力。

以下本文分為三部分。第一部分分析1990年代以前，日本科技政策決策的特徵及其運作後所產生之「動員的偏差」，進而促使日本開始思考科技政策決策機制的調整。此一部分將分析作為「發展國家型」之日本行政體制的特質，及其對科技政策決策的影響。第二部分則分析日本調整科技政策決策機制的理論辯論及其結果。第三部分透過日本科技政策決策機制的調整，來分析日本最新一波行政改革的改革動力及其結果。

9 日本在2000年提出「IT革命」，致力使日本成為高科技社會，並且以此為基礎而擴大為日本經濟結構改革的動力。同年，八大工業化國家在日本琉球舉行高峰會議，日本做為主辦國，「IT革命」也成為日本採取的重要外交政策。

貳、日本1990年代以前科技政策決策機制之設計

一、日本「發展國家型」（developmental state）的行政體制及其分析

1980年代日本因為產業競爭力與科技發展實力，一度威脅美國的國際領導地位，許多美國學者紛紛研究日本行政體系的表現及其特質，提出一個相當具有影響力的說法，也就是以加州大學柏克萊分校Chalmers Johnson教授為代表，及其所提出之「發展國家型理論」（theory of developmental state）[10]。此一學派認為，日本作為「後進國家」，且為了實踐國家發展總目標，尤其是追趕歐美等先進國家的發展程度，日本行政體系遂成為政治體系運作的核心。換句話說，作為發展國家型的一個典範，日本政經體系具有三個相當特殊的意義：(1)具有支配性官僚體系的存在，公共政策的形成與執行皆以管理專家為中心。(2)具有國家機關自主性，授與技術官僚研擬專業政策，包括經濟發展等，也賦予官僚體系具有主動且有效執行公共政策的權力。(3)國家機關為持續經濟發展而強力介入經濟領域，確立「官民協調方式」。

Johnson以通產省（MITI）為個案分析的對象，並認為，通產省的官僚體系制定相關的經濟發展策略，這些策略可以讓日本在最短時間內打入全球市場，甚至成為全球市場的領導者。而通產省的作為，就是依據全球產業市場的脈動，選擇最適合日本發展的企業，並且透過行政指導模式，結合產官的產業合作模式。日本發展汽車業是相當具有代表性的個案。

Daniel Okimoto也提出類似Johnson的說法，並認為通產省是日本科技決策與引進科技生產的核心組織，並且運用這些科技從事大規模生產化，

---

10 Chalmers Johnson. *MITI and Japanese Miracle: the growth of industrial policy, 1925-1975*. (Stanford, California: Stanford University Press.1982).

提高日本產業界在國際競爭力[11]。換句話說，日本透過技術引進、吸收、消化、利用和發展其他已開發國家的技術。這樣的作法讓日本可以複製或模仿其他國家的經驗，進而超越他國，可是卻沒有自主的技術。這也是日本在1990年代改革科技行政組織與科技政策決策的一個遠因，希望能夠擁有自主的技術。

日本學者對於本國行政體系的特質，主要是提出「發揮最大動員能力」的說法，這種說法又可以簡稱為「1940年（總動員）體制」[12]。1940年代的戰爭時期，日本政府為了戰爭因素而設計總動員體制，影響所及，當前日本無論是企業經營、勞資關係、官民關係金融制度等，皆屬於「1940年體制」的一環。

何謂「1940年體制」呢？根據野口悠紀雄教授的說法，主要有兩個特質。一是涉及到日本的行政體系及公務員體系。日本的公務員受到相當大的尊崇，特別是日本公務員幾乎全部出身於東京大學、京都大學等知名學校，奠定日本公務員在其社會體系的特殊地位與卓越威望。日本大多數民眾不相信選舉產生的國會議員，總認為他們形象不佳，操守有所爭議。可是，日本民眾相信公務員可以為他們帶來最大的生活福祉，而且，日本公務員本身的幹才與清廉，通常也不會讓日本民眾感到失望。

第二個特質是戰爭的影響。1940年代，日本公務員體制已經注意到戰爭對日本政治經濟發展的影響，為了戰爭動員體系的需要，日本公務員設計一套相當複雜的行政程式，以及一套分工細膩的運作模式，成為日本公務員體制在戰爭時期最高的指導原則。二次大戰結束後，盟軍沒有徹底地解散日本公務員體制，反而積極與日本公務員進行合作，盡速結束了日本

---

11 Daniel Okimoto. *Between MITI and the Market: Japanese industrial policy for high technology*. (Stanford, California: Stanford University Press. 1989)

12 村松岐夫（1994），《日本の行政：活動型官僚制の變貌》。東京：中央公論新社。野口悠紀雄（2002），《1940年體制（新版）》。東京：東洋經濟新報社。

社會在戰後陷入混亂的戰爭復原狀態。再加上日本政黨政治從戰爭結束後一直無法取得明確的多數統治，政黨的合縱連橫反而凸顯公務員才是日本政治真正穩定的力量。1940年體制就是此一階段日本公務員體制的運作模式及其特色。

1940年體制的運作模式及其特色，主要有四[13]：

1.明確界定國家發展總目標，並且選擇具有策略性的核心目標，集中資源，盡速實踐核心目標後，帶動其他發展目標的實現。
2.針對國家發展目標，設計一套完整的推動計畫，有步驟地實踐目標。
3.公務員體系的分工合作。
4.有效的「行政指導」，行政機關介入與指導產業界的生產過程，結合政府與民間力量，避免資源的浪費。

簡單地說，1940年體制可說是日本公務員體制最具有代表性的運作模式，一方面可以確定國家發展的目標，另一方面則搭配可實踐目標的具體策略。日本戰後政經發展模式，從所得倍增計畫、石油危機的處理、中曾根首相的財政改革，一直到1985年七大工業國家財政部長會議達成「廣場協議」後，日圓大幅升值後的因應策略，都是日本公務員有效發揮1940年體制的「制度效應」。

由於日本政府長期以來視科技政策為產業政策的一環，因此，行政指導與國家扶植產業等作為，遂為政府介入科技政策的模式[14]。而且也是作為經濟發展後進國家，藉著以「超越歐美」而使得政府介入產業生產具有正當性。事實上，日本早在1930年代通過的「事業法」就以民間產業為規範對象，設定業者許可權與政府命令權等規定。

也有日本學者以「五五年體制」來指稱與分析日本政經發展模式之特

13 同註12。

14 野口悠紀雄（1999），《日本經濟再生の戰略》。東京：中央公論新社。

色與演變。五五年體制主要是指自民黨在1955年成立以後，長期一黨執政對日本政經體制的種種影響，這些影響顯現在日本行政組織及其運作上，其實也反映日本官僚體制在財政、稅制、金融，甚至科技發展等方面，皆採取「護送船團」的策略，政府的公共投資計畫以整備重化工業的基礎建設與相關聯的民間企業的設備投資為最優先考量，官僚與企業更可以透過「行政指導」與「官員天降」[15]而形成緊密的互惠互利關係。

行政官僚與大企業界形成嚴密的政商合作機制，是日本在二次大戰後迅速地取得景氣復甦與經濟成長的重要關鍵因素之一；而且，也因為日本官僚體制刻意形成的「高受益性的政策利益分配模式」，相關的政策制定與利益分配緊密地結合，形成一種「利益既得權」體制[16]，日本政經體制因此難以適應外在環境的改變，特別是國際政經體制在1990年代後的轉變及其對日本的衝擊，一再凸顯出日本政經體制因為無法適應外在變化而顯示的「制度性疲勞」。

---

15 日本行政體系經常透過「行政指導」、「官員空降」、「護送船艦」等「非正式決策機制」之行政慣例，一方面可使行政體系介入經濟體系與經濟生產過程，另一方面擴大行政體系的權力範圍。其中，行政指導是指「行政官僚在相關政策上，透過行政程序法等行政作為，並且配合誘導性的管理，使得企業界配合政府政策，行政機關也可以得到政策成效」。官員空降是指「行政官僚由於升遷與退休之故，依照行政機關的慣例而派任其他相關的企業、非政府組織、非營利性團體，擔任顧問或是執行行政機關委託業務。至於這些所謂的相關企業、非政府組織、非營利性團體往往與既有的行政機關具有一定的業務往來或是委託關係。官員空降後，由於官員具有對組織的忠誠度，因此，官員空降往往可以有效執行原有機關所委託之業務，進而形成行政機關特有的權限範圍」。護送船艦是指「行政機關透過政府金融體系的融資管道，或者核准企業界經營特定的金融機構，藉此給予特定企業一定的信用貸款與資金來源。而行政機關藉由護送船艦的作法，可以有效建立企業的保護政策，對於特定政策與企業可以形成保護機制，讓企業界在最短時間內，可以配合政府發展關鍵性產業」。日本行政體制無論是採取何種「非正式決策機制」，目的皆在於形成特定的政府與企業關係，發揮行政體制最大的動員力量，以及有效達成政府發展的最終目標。

16 松原聡（2000），《既得權の構造——「政・官・民」のスクラムは崩せるか》。東京：PHP研究所。

二、日本「發展國家型」行政體制對科技政策的影響

日本「發展國家型」行政體制之最大特質，在於日本想要追趕歐美先進國家，影響所及，日本科技政策的核心目標即是「追趕」歐美先進國家的技術；再加上日本自從明治維新開始，即認定科技對經濟發展的重要性，日本政府除致力於輸入技術與促進新技術的發展，科技政策更是作為協助支持各項策略工業。例如，1970年代日本科技發展的目標，是設法解決能源危機以及空氣與水汙染等問題；1980年代日本政府推動新材料、生物科技等技術創新，並輔導喪失國際競爭力的產業轉型；1990年代日本順著國際化與自由化的壓力，鼓勵研究開發，並且在全面的行政管理改革的背景下推動新的科技政策。

進一步觀察日本在1990年代以前的科技政策決策體制及其發展，吾人可以發現此一階段日本科技發展有兩個特質。首先是日本積極推動「產－官－學」合作經驗，也就是日本政府一個明確的政策傾向是鼓勵產業界、大學與政府研究機構之間的合作[17]。而日本政府採取「產－官－學」三者合作模式，主要是透過以企業為主體，以市場為導向，以培育自主創新能力為目的，因此日本引進的過程並非單純性的技術引進，而是引進技術與吸收、消化與改進相結合。前日本科學技術政策擔當大臣尾身幸次表示，第二次世界大戰以後，日本高喊「追上先進國家，超越先進國家」的口號，當時日本引進歐美國家的最新技術，以優越的能力加以改良，讓產品品質變得更好，再以更低廉的價格出口至原產國，賺取無數外匯。日本再將賺得的外匯有效地投資於生產設備，因此造就令人驚訝的經濟成長。也就是說，日本科技發展的焦點在於應用科學技術來生產價廉、質優且具有國際競爭力的產品，以及創造新的產業。

17 井村裕夫（2005），《21世紀を支える科學と教育》。東京：日本經濟新聞社。頁175-196。

日本科技發展的另一個特質在於，日本政府積極介入科技發展的目標，建立集中協調型的科技管理體制。例如1970年代日本政府積極發展高科技工業，以確保日本走在財務報酬率最高的科技發展先端。Chalmers Johnson也認為，日本通產省扮演相當重要的角色與功能。更重要的是，日本政府與其他重要的人際關係網，例如產業、工會、銀行體系等形成嚴密的政策協調機制，一方面化解日本各利益團體彼此之間的利益衝突，另一方面也防衛外人進入日本。換句話說，日本科技發展的競爭優勢與經濟效益，其實是日本政府透過科技政策積極介入科技發展的結果。

「1940年體制」之理念而衍生之行政體系及其對日本科技政策發展的影響，在於過度強調科技發展的實效性[18]。也就是說，科技發展是用來發展經濟，協助企業界增加營利，提升人民的生活水準等目的。因此，日本科技政策發展著重在應用性、模仿性、可轉換成大規模的生產模式。至於基礎的研發工作，主要有兩種模式，一是派遣留學生或教授前往美國與歐洲等國，學習最新的科技發展，或是參與這些國家的基礎研究，並將這些基礎研究的設備等直接轉移至日本。第二種模式則是「直接向美國採購」，日本不需要，也不應該花費大量經費來從事基礎研發工作。

簡言之，日本科技政策的核心作為，是全面性引進歐美先進國家的先進科學技術，並加以應用、模仿與大量生產。然而自從1970年代以來，一方面日本在產業生產技術方面與先進國家的差距愈來愈小，其他國家甚至針對日本提出保護政策，因此日本過去採取的「吸收型」科技戰略受到相當大的挑戰。1978年日本野村綜合研究所就綜合安全戰略保障問題發表了一份研究報告，明確提出「科技立國」的口號，希望確立自立科技，培養尖端科技等作為政策的趨勢；這份報告顯然沒有受到當時日本各界的重視。然而到了1990年代，由於世界新科技革命的推動下，日本科技政策決策體制遂有不得不改革的壓力。

18 森谷正規（2004），《政治は技術にどうかかわってきたか》。東京：朝日新聞社。頁3-5。

叁、日本1990年代以後科技政策決策機制之調整與設計

到了1990年代，由於美國等國積極發展先端科技[19]，在激烈的競爭環境下，日本特別注意到，只有依靠引進技術或是模仿技術，將無法促使日本在日新月新、發展迅速的新科技領域，擁有更強的能力與競爭力，例如生物科技、基因治療或是電子產業軟體設計等。換句話說，日本應該厚植具有基礎性與全球競爭性的科研能力。1997年橋本內閣曾經提出「邁向高科技大國」的國家發展戰略，並主張日本須擺脫過去重技術開發、輕基礎研究的現象，以及為適應知識經濟時代之需要而採取技術創新的作為。

1995年日本政府公布「科學技術基本法」，正是確立日本將走基礎研究的路線，以擁有自己的科技知識。科學技術基本法第一條表示，日本發展科技的目的：謀求科學技術水準的提高、對經濟社會發展與國民福祉提供更大的貢獻。而1999年通過的行政省廳再編方案，重新設計日本科技行政組織與科技政策決策體制，也是為了實踐上述目標而進行的組織調整。

一、新的科技行政組織之基本架構及其特色

新科技行政組織最重要的設計，在於日本首相可以主導科技發展的整體方向與全盤性設計。其中，日本首相在內閣府設立「綜合科學技術會議」（Council for Science and Technology Policy），並且親自擔任會議主席（見**表5-1**），邀請十四位分別來自國立科研機構、大學、企業等有關方面的學者專家，以及日本重要的內閣閣員，作為日本首相對於科技政策之最重要的諮詢機構，以及日本政府對科技政策的最高決策機構[20]。綜合科

19 例如1993年美國總統柯林頓提出的「資訊高速公路計畫」，就給予日本政府與企業相當大的衝擊。

20 在「綜合科學技術會議」成立以前，日本政府主要負責科技政策者是1950年成立的「科學技術廳」。科學技術廳最主要的工作除制定科學技術政策

表5-1 日本內閣府綜合科學技術會議的成員（2008年9月30日）

<table>
<tr><th colspan="2">議長</th><th>內閣首相 麻生太郎</th></tr>
<tr><td rowspan="3">議員</td><td>內閣成員
（法定成員）</td><td>內閣官房長官／河村建夫
科學技術政策擔當大臣／野田聖子
總務大臣／鳩山邦夫
財務大臣／中川昭一
文部科學大臣／塩谷立
經濟產業大臣／二階俊博</td></tr>
<tr><td>學者專家
（首相任命）</td><td>相澤益男（前東京工業大學校長）
藥師寺泰藏（應慶大學教授）
本庶佑（京都大學客座教授）
奧村直樹（曾任新日本製鐵株式會社董事長）
郷通子（御茶之水大學校長）
榊原定征（東立株式會社董事長）
石倉洋子（一橋大學大學院教授）</td></tr>
<tr><td>相關單位人士
（法定成員）</td><td>金澤一郎（日本學術會議會長）</td></tr>
</table>

資料來源：日本「綜合科學技術會議」網站：http://www8.cao.go.jp/cstp/。

學技術會議的最主要任務就是，制定國家科技發展戰略、審議和評估研究課題，以及協調跨省廳的事務等。

綜合科學技術會議的前身是1959年設立之日本科學技術會議（Council for Science and Technology），其主要任務是對有關科學技術的基本政策、長期整體目標的設定、重要研究領域計畫的推動等方面進行審議與諮詢，必要時提出意見報告書給首相作為決策時之參考。然而，日本科學技術會議一年只有開會一或二次，且欠缺專門的日常事務管理部門，亦無有效的

外，還包括核能與核能安全、太空、海洋、防災科學、金屬材料等科技研發工作。由於1990年代日本核能廠多次出現意外事件，造成日本各界在討論行政改革時，紛紛主張分割科學技術廳。然而，科學技術廳之所以被裁併，最主要的思考邏輯還是在於：首相應對國家重大政策擁有主導權。核能問題衍生的能源問題，以及太空與海洋開發所衍生的國防安全議題，這些重大政策絕非單純的技術性政策。

政策控制機制，反而要透過科學技術廳與文部省來推動政策的計畫、立案與實施等，但是科學技術廳與文部省之間又有深刻的部門主義情結與爭執，日本政府始終無法建立一個可以具有全盤性與整體性的科技決策機制。為化解部門主義的影響性，尤其是透過「首相對重要政策的決策領導權」來化解日本行政部門的部門主義，因此，新成立的「綜合科學技術會議」就在於承擔科技政策決策機制的整合功能，更重要的意義是，日本首相透過「綜合科學技術會議」來主導國家科技發展的整體目標與策略。

「綜合科學技術會議」從2001年4月成立以來，下設五個分會組織，包括：重點領域發展戰略專門調查會、評價專門調查會、科學技術體系改革專門調查會、生命倫理專門調查會、有關日本學術會議運行機制的專門調查會。「綜合科學技術會議」的主要工作內容：(1)負責起草國家綜合性科學技術戰略；(2)根據首相的要求，調查、審議科學基本政策；(3)負責科技經費、人才與資源的分配方針；(4)推動國家重要的研發計畫，以及向首相提出基本科技政策及相關事項之建議。相較於過去的「科學技術會議」，「綜合科學技術會議」管轄較大的部門與領域，不僅涉及科學技術政策與綜合計畫，而且對於人才、預算等科技資源的配置、國家級的重要研究發展項目的評價，也由「綜合科學技術會議」來進行審議與諮詢。此外，「綜合科學技術會議」也涵蓋人文社會科學的發展戰略，吸納人文社會科學的專家人員。「綜合科學技術會議」也有專屬的行政人員與政策專家，成為具有政策立案與實施推進的指揮部門。

事實上，「綜合科學技術會議」的設立在於貫徹首相對科技政策的決策權力，排除各省廳既有的部門主義，使日本的綜合科技發展戰略以及重要科技政策得以具體實踐。此外，「綜合科學技術會議」的成員包括學術界自然科學與人文社會學的學者專家，也涵蓋產業界、學術界、政府部門等具有代表性的人士，導致「綜合科學技術會議」具有作為融合人文社會科學的與自然科學的整合性機構，並且考量科學技術的兩面性以及確立科學技術的倫理。然而，「綜合科學技術會議」並不是一個政策執行的機關，它能否順利實踐預期的政策目標，還是需要其他部門的協調與配合。因此，由首相任命的「科技政策擔當大臣」遂扮演此一協調的角色。

日本首相可以任命「科學技術政策擔當大臣」（Ministry of State for Science and Technology），專責處理科學技術政策，並配置專門的組織機構──事務局。科學技術政策擔當大臣是由首相任命，相當於各行政省廳大臣（類似我國行政院政務委員），實際負責主導日本科技政策。科學技術擔當大臣也可以透過專屬的事務局，建立一套科技政策實施機制的調控能力。

日本科技行政組織的核心是文部科學省（Ministry of Education, Culture, Sports, Science and Technology），整合文部省與科學技術廳的相關業務。文部科學省負責：根據首相與綜合科學技術會議之指示與決議，進行個別政策之執行；制訂各省廳統一實施的科技政策；分配文部科學省科研系統之預算；先端科技之學術研究；基礎科學教育之執行；政策評估制訂之引進。

由於文部科學省實際負責分配科研（R & D）的補助經費，這些經費主要是由大學（國立、公立、私立）、國家級研究機構與獨立的行政法人、一般的研究機構來申請。而為了確保資源的有效運用，文部科學省及其所屬研究機構對科研的態度是強調學術貢獻；經濟產業省[21]及其所屬研究機構則強調科技研發對社會與經濟的實際貢獻。換句話說，此一階段科技行政組織的改革已強調，基礎研究與應用研究對推動社會進步與經濟發展同樣的重要。

21 經濟產業省是日本政府在2001年行政改革時所成立的新省廳，主要是延續過去的「通商產業省」的行政業務與功能。

二、科技基本法與科技基本計畫：以法律形式確保科學技術創新立國戰略

除了「綜合科學技術會議」的設立外，日本政府於1995年11月15日公布「科學技術基本法」，這是日本第一部有關科學技術的基本法，並正式揭櫫「科學技術創新立國」，希望從「科技追趕型國家」轉變為「科技領先國家」。日本政府並且規定，依據「科學技術基本法」，日本政府每五年應制定新的科學技術計畫。

科學技術基本法[22]確定「科學技術創新立國」戰略，強調「知識創新」的重要性，具體方向包括：(1)日本振興科學技術的方針，包括研究者發揮創造性的研發工作；基礎研究、應用研究與開發研究的整合發展；科技與人、社會與自然之間的協和等。(2)國家與地方公共團體在振興科學技術中的職責。(3)要求政府制定「科學技術基本計畫」，全面性、有計畫性的推展科技戰略，以及提供相關且充分的資金援助；以及(4)政府在科技發展過程中應盡之責任，例如推動多樣化、均衡化的研發工作；培育研究人員；設立足夠的研究設施設備；推動IT產業的研究開發；促進國內外研究交流等。

科學技術基本法可以說是日本政府推動或制定科技發展的長期計畫，而且也可以確保科學技術發展的整體方向，不會受到因內閣人事更換而可能衍生之政策轉換等問題。而日本眾議院與參議院在通過「科學技術基本法」時，還提出附帶決議，強調科學技術基本計畫應該是以預測未來十年為基礎之五年計畫，在長期的基本法以及中期的基本計畫之外，日本政府還必須每年一次向國會提出振興科技的施政報告書。

科學技術基本計畫的主要內容主要有三個部分，分別是：(1)基礎研究、應用研究以及開發研究的綜合性方針；(2)研究設施及研究設備的整

22 取材自日本「綜合科學技術會議」官方網站：http://www8.cao.go.jp/cstp/cst/kihonhou/houbun.htm。

備，尤其是政府為了促進IT產業或其他先端產業，而應該具備之完善的研究環境與對策。因此，日本政府先後公布：1996至2000年第一期科學技術基本計畫，以及2001至2005年第二期科學技術基本計畫。其中在第二期科學技術基本計畫裡，日本政府釐清科技發展的三大戰略目標、四項基本原則，以及三個重點研究發展領域：

1. 日本科技政策的三大戰略目標：(1)透過知識的創新與運用，日本成為對世界有貢獻的國家；(2)透過知識的創新，日本成為具有國際競爭力並且能持續經濟發展的國家；(3)透過知識創造富裕的社會，日本成為國民安心、安全、高品質生活的國家。
2. 科技政策的四項基本原則：(1)重點資源的分配；(2)持續投資現有的科研環境；(3)科技成果的社會化；(4)科技活動的國際化。
3. 科技政策三大重點研究發展領域：(1)基礎性研究，提高日本基礎型研究的水準；(2)現階段重點研發領域：生命科學領域、IT領域、環境領域、奈米科技領域、材料領域；(3)未來強化研發領域：奈米科技領域、生物工程領域、系統生物學領域、奈米生物學領域。
4. 科技政策的具體作為：(1)從2001至2005年，政府研究發展投資總額至少二十四億日圓（前提：占GDP1%：GDP名目成長率3.5%）；(2)生命科學：疾病的預防與治療、解決糧食問題；(3)資訊通信：建構高度資訊通信的社會，並且擴大結合高科技產業；(4)環境政策：維持人類生存的基本條件，人類的健康與生活環境的保全；(5)材料科學；(6)能源、製造技術、社會基礎建設。

日本政府進一步在2006年開始執行的第三期科學技術基本計畫，該計畫的基本立場是：(1)將科技成果還原給社會與國民，不斷致力於創新知識與文化價值；(2)重視人才的培育和競爭性環境。第三期科學技術基本計畫將原來的四大重點領域並重的投資政策，改為特定領域的重點化發展，包括生活、資訊科技、環境、奈米與材料等。不過，該計畫仍延續前兩期科學技術基本計畫的核心方向，也就是重視基礎研究，並且為確保科學研究內容的多樣性，日本政府將優先確保基礎研究經費，然後才是擴充競爭性資金；同時還針對符合國家特定政策及有助社會發展的基礎研究，加以重點化投資。

三、科研機構之管理與評估機制的引進

上述之「綜合科學技術會議」、「科技政策擔當大臣」、「文部科學省」的組織調整，以及「科學技術基本法」、「科學技術基本計畫」的制定，可說是日本科技政策決策體制的調整。至於日本科技行政組織還包括許多國家級科研機構：(1)國家級研究機構：由國會決議設立，例如科學技術振興事業團、宇宙發開事業團、日本學術振興會等，這些研究機構也同時轉型為「獨立行政法人」；(2)專門從事研究的研究所，例如理化研究所、日本核能研究所等，這些機構在2003年後亦逐漸成為「行政法人」，由政府提供相關經費，但是在財務運作上則引進企業營利制度；政府對該法人研究成果與經費補助之基本態度，則引進績效評估機制與監督機制。

由於科研機構的行政法人化，也就縮減了日本科技行政組織的規模，並且引進績效制度，強化研發人才的培育與流動性，以及科研機構的競爭性。同時，為了讓國立大學也可以彈性化、效率化地從事科研活動，原本隸屬於文部省管轄的國立大學亦朝向法人化的改革。

1997年日本內閣通過「國家研發評估的指導方針」，2001年起，綜合科學技術會議設立五個專門調查會（現有七個），其中一個是「評估專門調查會」，專責對日本政府的研發資源進行有效配置、制定科技評估準則，對重要的研究活動進行評估等。

日本政府引進評估制度其實也是因為日本政府大幅度提高科研經費，任何國立大學或是科研機構想要爭取日本政府的科研經費補助，必須要有競爭機制，包括研究人員對研究主題的選擇、增強研究經費使用的自主性、改善獲得競爭性項目人員的科研環境，以及提高科研機構的科研能力

等。2001年日本政府更進一步規範所謂競爭性項目的評估準則，包括：(1)自由探索項目，應由高水準的專家按照國際標準進行評議；(2)定向研究項目，應根據其設立的目標，分別從科學水準及其對社會經濟的影響兩方面進行評議。從上述之說明可知，日本科技決策部門非常重視評估工作，並藉此保證科技活動的健全發展（徐作聖、賴賢哲，2005：117）。

四、政府與民間產業在科技發展的合作

儘管日本科技行政組織與科技政策決策體制已經進行大幅度的轉型，但是日本與民間產業在科技發展的合作，並沒有出現大幅度的改變。基本上，70%的研發投資都是由民間產業部門提供，日本政府只是透過經濟產業省，建立政府與民間的合作模式；經濟產業省仍然提供一定的「行政指導」。然而，日本政府鑑於科技政策對國家安全的必要性，公共部門實有必要加強對科技發展的主導作用，尤其是強化對基礎研究的推動。因此，政府部門與產業部門也開始在研究發展領域進行合作。也就是說，提供技術知識的產業如何與大學和研究部門合作，將成為日本科技政策決策機制下一波的改革議題。

肆、日本科技政策決策機制改革之意涵：從「行政指導」轉變為「首相領導」的科技政策決策體制

日本學者藥師寺泰藏曾經提出日本技術立國的局限說（藥師寺泰藏，2005），作為一個政治學博士出身的他指出，日本過去六十年以來的技術立國政策，主要是競爭性的模仿為主，強調技術可以用於生產那些改善國民生活的物品，因此，日本科技發展的正面效應就是日本國民生活水準的提高，例如從黑白電視、彩色電視到平面液晶電視等，或是數位相機取代單眼相機與自動相機等。可是，這樣的科技發展政策勢必出現：企業產能

過剩（尤其是在老人化社會裡，由於人民基本的生活需求皆已滿足，不可能增添更多的生活物品）；以及因產能過剩而衍生之企業利潤下滑，進而造成銀行資金投入科技發展卻面臨回收過慢的問題。

然而，日本科技發展出現另一個更麻煩的問題在於，日本技術立國政策造成人才過度地集中：集中於少數的一、二個國立大學；集中於官僚機構；集中於具有威權性質的菁英體制，卻忽略了社會安全體制、環保問題、愛滋問題，以及社會的貧富差距、分配正義問題等。日本從1960年代的貿易立國，順利地成為1970與1980年代的技術立國，但是這些成就皆無法掩飾日本科技政策在高等教育的落後，相關人才的嚴重不足，以及人文素養的欠缺。這些問題的出現，其實與日本採取「發展國家型」政經發展策略是息息相關的。

戰後日本內閣制度因為集中國家資源而全力發展經濟，具有「發展國家型」（developmental state）特色的日本行政組織，基本上仍延續戰爭動員體系的「行政指揮」原則。然而也因為日本行政體系具有發展國家型「追趕」歐美國家的特質，導致日本國家過度介入科技政策以及其他政策領域，反而造成科技發展出現偏差性動員，這也是為何日本政府在1990年代調整科技決策機制的重要因素之一。

日本官僚體系透過行政指導方式，以公權力介入經濟發展過程，一向是日本產業政策形成與實施的特質之一[23]，如果再配合政府透過金融體系所提供的「護送船艦」的保護措施，的確是日本戰後經濟高度成長的特有模式之一，而且也形成一種以較少資源來產生較大效率的科技發展體系。但正如美國學者Paul Krugman 提出的「亞洲經濟奇蹟質疑論」[24]，亦即，亞洲各國（包括日本）的經濟發展由於不是出於科技的創新，只是投入人力與物力，就好像在機器中加入燃油，燃油愈多，機器運作愈頻繁。亞洲

23 大山耕輔（1996），《行政指導の政治經濟學》。東京：有斐閣。

24 Paul Krugman. 'The Myth of Asia's Miracle.' *Foreign Affairs*, Vol.73, No.6(1994): pp.62-78.

投入愈多的人力與物力，經濟成長速度當然愈快，經濟所得增加幅度也愈大。一旦沒有更多人力或物力來投入經濟生產，亞洲受限於科技不如歐美國家，勢必向歐美國家學習新的科技來維持暨有的經濟發展，否則亞洲各國經濟發展將會出現停頓。日本在1990年代的處境正是如此。

1990年代以來日本泡沫經濟瓦解，加上美國宣布「二十一世紀美國科學發展六大目標」後，日本過去採取的行政指導與護送船艦模式反而顯得「大而不當」，過多的行政指導雖然可以形成一種保護力量，但是卻無法掩飾日本行政體系以及企業界難以適應全球化快速轉變的窘境。尤其是在IT競爭時代，雖然IT產業也需要政府結合民間產業的力量，但是政府、企業與學術界的分工若沒有明確化，例如讓企業界有創新的能力，學術界可以與國外先端科技一起研發；或者政府與企業只是模仿他國科技而沒有自主的科技基礎，這樣還是無法提升一國科技的全球競爭力。

基於這樣的思考，日本科技行政組織與科技政策決策之調整，遂表現在：(1)日本首相主導「科技政策」的核心目標與整體方向。(2)原有的文部省與科學技術廳進行合併[25]，新成立的文部科學省成為真正負責執行與推動科技政策的執行機構。(3)科學技術廳原本負責的「核能委員會」與「核能安全委員會」則納入內閣府。(4)日本政府公布「科學技術基本法」，具體規劃科學技術在二十一世紀的發展目標與方向，以及配套的「科學技術

25 文部省與科學技術廳的合併問題，其實在日本有相當激烈的討論，最後之所以決定合併，主要的想法是希望自然科學與人文／社會科學可以進行結合，發揮相乘的效應。換句話說，科學技術相關政策應該包括兩個部分，一是為了振興科技而衍生之相關政策，例如基礎教育工作、先端科技的研發工作等；另一是為了實踐前述之相關政策而需要的科學技術及其發展，例如日本如何與國外先端科技研發單位進行研發合作、引進國外先進科技或者先進科技如何在日本的生根發展等。更重要的思考問題在於，由於先端科技的發展已經逐漸涉及到倫理問題，例如基因複製所衍生的相關爭端、或是智慧財產權涉及的法律問題等，文部科學省的設立其實也意味著文部科學省的行政業務將著重在科技發展過程中，自然科學與人文／社會科學的整合問題，以及基礎性科研工作；更重要的是，這些基礎性科研項目應該落實在教育體系與相關的教育內容。

基本計畫」，釐清相關的策略行為。這樣的分工體系再配合既有的科技與產業結合的經濟產業政策，成為新的科技行政組織與科技政策決策體制。

問題是，此一階段日本新的科技政策決策體制的意義為何呢？

日本著名的評論家田中直毅曾指出，國際冷戰結構轉變促使日本民眾開始注意到自我統治（self-governance）的概念與意識，尤其是看到日本政治出現貧困化的現象，日本民眾因而興起自我認識、自我決定、自我負責等自我統治的概念與意識，而全球化（globalization）的興起與衝擊，進一步促使日本從大政府式的資本主義體系中尋求解放，政府介入經濟事務的領域開始縮小，企業界亦在自我統治意識的刺激下，尋求可以適應全球化的生存發展與商品開發行銷等新途徑，政府減少對經濟事務領域的干預與指導漸漸成為趨勢[26]。除了這種基於新自由主義而提出之解除管制、小政府等觀念之政策改革，且在1990年代衝擊日本既有行政體制的運作基礎之外，1993年自民黨結束一黨執政後，新的聯合政府的出現，進一步促使日本思考如何設定新的官僚體系，以適應劇變的國內外政經關係，尤其是架構適合於聯合政府運作的「政治與行政關係」，使得政治能夠發揮領導行政的領導權，甚至促使首相可以在面對快速變遷的國內外政經秩序中發揮應有的決策領導權，這些問題不僅引發了日本改組中央行政體系，更對日本政治經濟產生重大變化，包括日本此一階段科技發展的實質內容。換句話說，首相領導國家重大政策的決策，並且負起民主政治的責任態度，首相決策必須呼應民眾的需求與國家的利益，這是此一階段日本科技政策決策體制改革的意義。

事實上，日本此一階段行政改革的思考邏輯，其實就是歐美國家在1980年代以來流行的新政府運動，以及配套的行政機關的縮編、行政程序的簡化等作為，其實也就是日本政府朝向「小而能政府」的改革方向。

吾人可以進一步觀察到，類似日本與東亞國家作為「發展國家型」之

26　田中直毅（2000），《市場と政府》。東京：東洋經濟新報社。

政經發展模式的特色，在於由國家機關強力介入市民社會與經濟社會的運作模式，這是這些國家追求「現代化」的方式，也是東亞各國與歐美國家儘管同樣追求「現代化」的目標，卻有各自不同的方式、手段或特質。然而從過去的歷史發展經驗來分析，這種以國家機關為主的發展模式，往往更容易受到國際社會以來自國家為基本單位的競爭性國家體系，與以市場機能而連結的世界性資本主義體系的挑戰與壓力[27]，甚至可以說是東亞地區國家在冷戰時期特有的公共政策決策與執行模式。換句話說，一旦國際社會秩序出現轉變，日本與東亞國家的發展型政經模式，勢必出現結構上的轉型，並且進一步影響國家機關—市民社會—經濟社會之間的分工與合作關係。日本在1990年代進行科技政策決策體系的改革以及行政改革，皆能反映上述這種理論的意涵與意義的。

伍、結 論

科技發展可以說是文明的寧靜革命。在知識經濟時代，或者是說全球治理時代，各國積極爭取科技發展，並且透過科技發展來展現國家競爭力、國民生活水準、社會文明發展程度，已經成為不可逆轉的趨勢。無論科技發展是透過市場誘因制度或是國家保護政策，最關鍵的因素還是在於政府與企業的分工體系，科技發展在基礎研究、應用研究、產業生產研究的均衡發展，以及培育更多的科研人才。

日本1990年代科技行政組織與科技決策體制的調整儘管仍在演變之中，但是從他們積極調整過去只重視應用研究與產業生產研究而忽略基礎研究，以及清楚地釐清政府與企業之間的分工體系，顯然，日本科技管理

27 蕭全政（2000），「台灣民主化對政府經濟和社會職能的挑戰與因應」，出自朱雲漢、包宗和主編，《民主轉型與經濟衝突：九〇年代台灣經濟發展的困境與挑戰》。台北：桂冠圖書股份有限公司。頁27-50。

機制注意到過去科技發展政策的缺失。今後觀察日本科技行政組織與科技政策決策體制的重點，將在於日本科技發展是否可以有效解決因為經濟社會發展而衍生的環保問題、交通問題、醫療問題等具有「社會學意義」的科技問題，也就是「科技始終來自人性」的核心價值。

更值得吾人進一步觀察的是，從日本科技政策決策體制的改革，也可以看出日本最新一波行政改革的目的，在於促使日本決策體制除追求國家利益外，更能夠滿足人民的各種需求。所謂的「首相領導制度」其實也意味著日本首相在進行決策時，不能只注意到政黨、派閥或個人的利益，而是國民的需求。一個能夠反映「國民主義」的決策體制與行政改制，才是現階段吾人討論「善治」（good governance）的終極理想目標。

參考書目

中文部分

伊藤隆敏、伊藤元重、植田和男、八田達夫、深尾光洋、奧野正寬、野口悠紀雄 著，劉崇稜 譯（1991），《日本的政經制度》。台北：經濟部國貿局。

袁建中、張建清、邱泰平（2004），《科技管理──觀念與案例》。台北：聯經。

徐作聖、賴賢哲（2005），《科技政策理論與實務》。台北：全華科技圖書股份有限公司。

尾身幸次 著，蕭仁志 譯（2006），《科技維新──日本再起》。台北：時報文化出版企業股份有限公司。

波特（Michael Porter）、竹內弘高、榊原磨里子 著，應小端 譯，（2000），《波特看日本競爭力》。台北：天下文化出版公司。

日文部分

久米郁男、川出良枝、古城佳子、田中愛治、真淵勝（2003），《政治學》。東京：有斐閣。

大山耕輔（1996），《行政指導の政治經濟學》。東京：有斐閣。

小澤一郎（1993），《日本改造計劃》。東京：講談社。

川上和久、丸山直起、平野浩（2000），《21世紀を読み解く政治學。東京：日本經濟評論社。

川北隆雄（1999），《官僚たちの繩張り》。東京：新朝社。

中央大學大學院總合政策研究科「日本論委員會」 編（2000），《日本論：總合政策學への道》。東京：中央大學出版部。

中央大學大學院總合政策研究科「日本論委員會」 編（2002），《日本論II：政策と文化の融合》。東京：中央大學出版部。

日野幹雄（2002），〈日本人の科學・技術における獨創性〉。出自中央大學大學院總合政策研究科「日本論委員會」編，《日本論II：政策と文化の融合》。東京：中央大學出版部。頁177-205。

中邨章（2001），《官僚制と日本の政治：改革と抵抗のはざまで》。東京：北樹出版。

井村裕夫（2005），《21世紀を支える科學と教育》。東京：日本經濟新聞社。

五十嵐仁（2004），《現代日本政治：「知力革命」の時代》。東京：八朔社。

五十嵐敬喜、小川明雄（1999），《市民版行政改革》。東京：岩波書店。

今村都南雄 編著（2002），《日本の政府體系：改革の過程と方向》。東京：成文堂。

木田雅俊（2001），《現代日本の政治と行政》。東京：北樹出版。

北岡伸一、田勢康弘（2003），《指導力：時代が求めるリーダーの條件》。東京：日本經濟新聞社。

北澤榮（2002），《官僚社會主義：日本を食い物にする自己增殖システム》。東京：朝日新聞社。

平野浩、河野勝 編（2003），《アクセス日本政治論》。東京：日本經濟評論社。

田中一昭、岡田彰 編（2000），《中央省庁改革—橋本行革が目指した「この国のかたち」》。東京：日本評論社。

田中直毅（2000），《市場と政府》。東京：東洋經濟新報社。

田中直毅（2001），《構造改革とは何か》。東京：東洋經濟新報社。

佐川泰弘、岩崎正洋（2003），《ファ-ストステップ日本の政治》。東京：一藝社。

村松岐夫（1994），《日本の行政：活動型官僚制の變貌》。東京：中央公論新社。

村松岐夫（2001），《行政學教科書》。東京：有斐閣。

並河信乃 編著（2002），《検証行政改革：行革の過去・現在・未來》。東京：イマジン出版株式會社。

松原聰（2000），《既得權の構造——「政・官・民」のスクラムは崩せるか》。東京：PHP研究所。

城山英明、細野助博 編著（2002），《續・中央省廳の政策形成過程》。東京：中央大學出版部。

城山英明、鈴木寬、細野助博 編著（1999），《中央省廳の政策形成過程》。東京：中央大學出版部。

野口悠紀雄（1999），《日本經濟再生の戰略》。東京：中央公論新社。

野口悠紀雄（2002），《1940年體制（新版）》。東京：東洋經濟新報社。

森谷正規（2004），《政治は技術にどうかかわってきたか》。東京：朝日新聞社。

新藤宗幸（2002），《技術官僚》。東京：岩波書店。

豬口孝（2002），《現代日本政治の基層》。東京：NTT出版株式會社。

豬口孝（2003），《日本政治の特異と普遍》。東京：NTT出版會。

藥師寺泰藏（2005），〈技術立國・日本が六〇年限界說を超える〉。《中央公論》，2005年2月號，頁99-107。

東洋經濟新報社 編（2001），《中央省廳の見取り圖》。東京：東洋經濟新報社。

英文部分

Anchordoguy, Marie. 1997. Japan at a Technological Crossroads: does change support convergence theory? *Journal of Japanese Studies*, 23, 2: 363-397.

Babb, James. 2001. *Business and Politics in Japan*. Manchester and New York:

Manchester University Press.

Calder, Kent E. 1993. *Strategic Capitalism: Private Business and Public Purpose in Japanese Industrial Finance*. New Jersey: Princeton University Press.

Colignon, Richard and Chikako Usui. 2001. The Resilience of Japan's Iron Triangle: amakudari. *Asian Survey*, 41, 5: 865-895.

Endo, Seiji. 2001. The Japanese State: Surviving Neoliberal Political Economy. In Xiaoming Huang (ed.), *The Political Economic Transition in East Asia: strong market, weakening state*, 112-135. Richmond, Surrey: Curzon Press.

Gibney, Frank (ed.). 1998. Unlocking the Bureaucrat's Kingdom. Washington, D.C.: Brookings Institution Press.

Johnson, Chalmers. 1982. MITI and Japanese Miracle: the growth of industrial policy, 1925-1975. Stanford, California: Stanford University Press.

Krugman, Paul. 1994. The Myth of Asia's Miracle. *Foreign Affairs*, 73, 6: 62-78.

Maswood, S. Javed and Yukio Sadahiro. 2003. A Tale of Two Japans: reform in a divided polity. *Japan Forum*, 15, 1: 33-53.

McCormack, Gavan. 2002. Breaking the Iron Triangle. *New Left Review*, 13: 5-23.

Nakano, Koichi. 1998. The Politics of Administrative Reform in Japan, 1993-1998. *Asian Survey*, 38, 3: 291-309.

Okimoto, Daniel. 1989. *Between MITI and the Market: Japanese industrial policy for high technology*. Stanford, California: Stanford University Press.

Otake, Hideo. 1999. Developments in the Japanese Political Economy since the mid-1980s: the second attempt at neoliberal reform and its aftermath. *Government and Opposition*, 34, 3: 372-396.

Stockwin, J. A. A. 1999. *Governing Japan: Divided Politics in a Major Economy.* Oxford: Blackwell Publishers.

第六章　日本行政改革過程中電子化地方自治體的作用*
——以擴大參與及深化民主為焦點

陳建仁　東海大學政治學系助理教授

* 本研究曾發表於佛光大學政治學系主辦之第七屆「政治與資訊科技」研討會（2007年4月），感謝評論人佛光大學社會學系鄭祖邦助理教授在會中對於本研究所提出的寶貴意見，以及國科會對本研究之補助（NSC95-2415-H-426-006）。當然修改後一切的文責仍由作者自負。

壹、前　言

1990年代以降，日本朝野開始進行一連串的行政改革（administrative reform），希冀在維持現有的「戰後憲法」的框架下，針對日本整個政治制度進行調整與改造，以挽救日益衰退的經濟赤字，以及人民對政府的信任破產。在這一波的日本行政改革風潮中，其主要以「三個分權、三個信賴」為中心，試圖將過去中央行政機關的權限分散到政治、地方、市場三個分野，來挽救這三分野對長期官僚體系運作下，所產生的政治不信任與政府失靈（government failure）。其中，地方分權改革更是日本在世紀之交的改革重點。由於近年來歐美民主先進諸國無不體認到國家肥大化、政府低效能、財政赤字等各種弊病實與中央集權（centralization）制度有密切的關係，遂使去中央集權與地方分權（decentralization）成為全球化的風潮之外[1]，加上經濟不景氣與民間要求落實地方自治的呼聲等因素，致使日本將地方分權改革視為現行構造改革中的重要支柱，期待藉由分權來對應泡沫經濟崩潰後的政經危機，以及深化民主政治。

同時，隨著資訊化與網路化之發展，透過運用資訊通信技術的電子化政府（e-government）來增進民主參與和行政效率，亦是此次日本行政改革的關心焦點。特別是在重視地方分權與地方自治的主題下，日本政府的電子化政府政策，除了如同台灣一樣專注於中央或行政部門的數位化外，更致力於推動電子化地方自治體（e-local government[2]）。這是因為日本各

1 地方分權的全球化原因大致分為三點：(一)國際環境的全球化與在地化；(二)從舊社會主義國家的破產所得到的「反中央」的教訓；(三)隨著社會經濟的成熟而出現的個性化與地域化的趨勢。秋月謙吾，《行政 地方自治》，東京：東京大學出版會，2001年。

2 由於強調中央與地方對等之關係，日本將地方的都道府縣及市町村稱為「地方自治團體」（官方用語則為「地方公共團體」），其英文翻譯為local self-governing body而非local self-government，但在電子化自治體的翻譯上，日本則採e-local government，本研究從之。然在學術的定義裡，地

地方自治體已經逐步將電子化民主（e-democracy）納入其行政改革的守備範圍之內，所以其重視能夠促進居民政治討論與參與的電子化自治體。鑑於台灣目前缺乏電子化民主政策，故本研究擬以民主主義的兩大主題「競爭」和「參與」為核心，探討電子化政府與電子化民主之爭議、電子化民主與地方自治之關係，以及日本電子化地方自治體的理論與作用。

貳、電子化政府與電子化民主之爭議

電子化政府的概念發端於1993年美國高爾副總統在「全國績效評鑑會議」（national performance review, NPR）的行政改革運動中，所提出的「運用資訊科技再造政府」（reengineering through information technology）。從此，世界先進諸國開始嘗試運用資訊通訊技術（information and communication technologies; ICTs）建立電子化政府與數位應用，以期提升行政效率與效益。同時，許多學者發現，包含電腦、網際網路、行動電話、數位影音、衛星系統等資訊通訊科技，其互動性、非同步性以及跨時空性，具備彌補現行的代議民主政治缺失之可能性，故提出以「民主審議」（democratic deliberation）為基礎的「電子化民主」（e-democracy）的構想，亦即透過運用資訊通信技術，在公民社會中形成各種理性論述與對話的機制，以凝聚公民共識並進而監督政府。甚至有學者直言，電子化政府並非僅是在行政上的單純技術運用，而應該更積極地扮演建構電子化民主的角色[3]。所謂電子化民主的定義雖然繁多，但依據

方政府與地方自治體並非相同之意涵，本文所指稱之電子化自治體，皆是地方自治團體而非地方政府，以下不再另外說明。

3 Pierre Chambat, 2000, “Computer-Aided Democracy: The Effects of Information and Communication Technologies on Democracy.”, In Ken Ducatel, Juliet Webster, and Werner Herrmann. Eds., *The Information Society in Europe-Work and Life in an Age of Globalization*, Lanham/Boulder/New York/Oxford: Rowman and Littlefield Publishers, Inc., pp. 275.白井均等（2002），《電子

聯合國教育科學暨文化組織的定義，係指「利用資訊通信技術，提供更多在決策過程中公民參與和關注（involvement）的機會，以達成滿足市民日益增加的期望之目標。電子化民主的目標不僅是希冀透過增加代議政體的透明度與課責性，以加強公眾對政府的信賴以及人民與政府之間的關係，更將藉由（資訊通信技術）不受時空限制來連接公眾與民意代表之間的能力，以提供公民參與的新可能性。其意味著公民能夠積極地參加決策過程。他們不再被視為被動，而是具有主動積極地提出政策選擇和形成政策對話的前瞻性[4]」。基於此，電子化民主可說是廣義的電子化政府，亦即電子化政府的最終目標（參見**圖6-1**）。

電子化民主並非完全嶄新的民主理論。「競爭」與「參與」是政治學裡面有關現代民主理論中最重要的兩個論點，「競爭」的主題以菁英民主主義（間接民主）為代表，「參與」的主題則以參與民主主義（直接民主）為代表，而當代的電子化民主理論則同樣順沿著此二論點衍生。就目前的資訊通信技術觀之，一方面，較偏重「競爭」的政治學者著眼於以政黨競爭為基礎的選舉，期待運用電子投票、選舉相關網站、網路活動等新方式增強選舉之效率與宣傳；另一方面，較偏重「參與」的政治學者則注意人民參與政治的問題，強調藉由電子論壇（BBS）、網站電子郵件社群（mailing list）、電子會議室（chat rooms）、電子部落格（blog）、多人互動數位空間（MUDS）等各種新式虛擬公共空間之設置，讓更多的人民能有更多的管道和機會得以接收與討論公共議題、形成更多元的壓力團體、增加政府的透明度與課責性、繼而進一步擴大人民的政治參與。然無論是「競爭」或「參與」的電子化民主理論，受限於目前網路技術的發

政府最前線——こうすればできる、便利な社會》。東京：東洋經濟新報社。頁16。

4 E-Governance Capacity Building UNESCO-CI, (e-Democracy), http://portal.unesco.org/ci/en/ev.php-URL_ID=6289&URL_DO=DO_TOPIC&URL_SECTION=201.html, 2007年4月1日瀏覽。

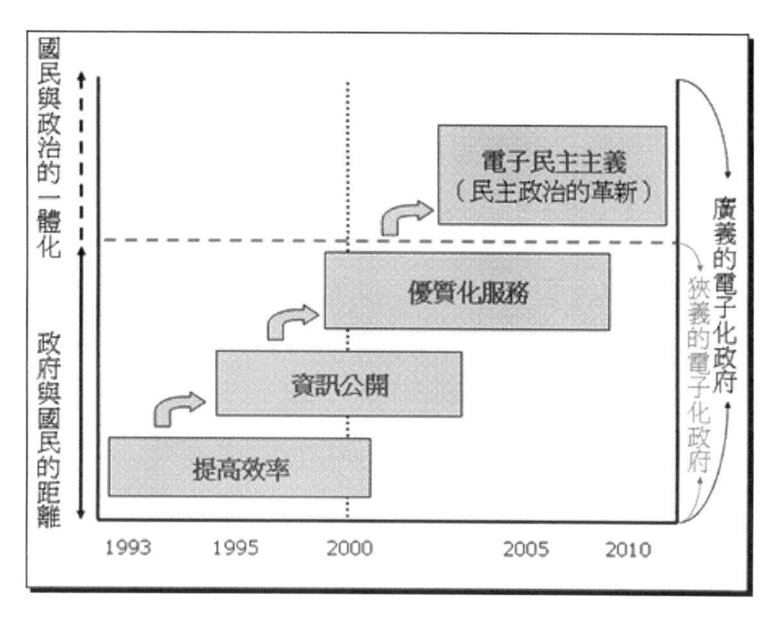

圖6-1 從各國的措施看其對電子化政府的定義

資料來源：白井均等（2002），《電子政府最前線——こうすればできる、便利な社會》。東京：東洋經濟新報社。頁16。

展，顯然地其在本質上並非是民主體制的新型態，選舉的電子化與政治參與的電子化結果，僅是「現行民主體制之升級」[5]。換言之，所謂「電腦烏托邦」（computopia）新時代的來臨，即是因為通訊資訊科技的進步，得到對既有民主政治制度的弊害加以改善或革新的機會。

然而，電子化政府畢竟是因應行政改革所衍生的公共政策，其追求提升效率的目標往往與電子化民主的促進參與的目標相牴觸。特別是前者要求時間快速與處理便捷（需時較短），但後者卻希冀廣泛參與且充分討論（需時較長），而使得大部分的政府單位（特別是民主開發中國家）乃至於民間社會，寧願僅專注在政府組織和行政業務的單向性電子化政策，而對人民與政府聯繫的雙向性電子化政策的關心則付之闕如。換言之，電子

5 岩崎正洋（2005），《eデモクラシー》。東京：日本經濟評論社。頁14。

化政府政策著墨在統治因素多過於民主因素。相反地，網際網路的縱橫連鎖與可追蹤性、數位監視監控技術的無所不在與穿透性，以及個人數位情報的流通化與可操控性等各種資訊通訊技術的發展，催生了一切事物皆可由中央壟斷和控制的電子化政府。資訊通訊技術的效率與萬能增強了政府的效率與萬能的同時，也出現人民被這種「新型的中央集權政府」控制的疑慮[6]。資訊通訊技術的便利性並非僅存在於民間社會，亦同樣出現在政府的統治能力上。職是之故，隨著電子化政府的興起，已出現導致民主政治危機的可能性，遑論電子化民主的到來。此外，隨著「網路萬能論」的泡沫化，過去的樂觀電子化民主論的聲浪也逐漸為悲觀論所取代，即便是審議式民主（deliberative democracy）的理念也同樣備受質疑，尤其是網路公民的表現、公共溝通的資訊不對稱與群體極化（group polarization）、耗費社會成本等問題[7]。

以台灣而言，我國銳意推動電子化政府政策，行政效率及便民服務有目共睹，在國際間的排行更是名列前茅[8]。但是，若以深化民主發展的角度來看，我國則仍然有待加強[9]。其存在以下的問題：(1)台灣電子化政府僅

6 Ian Budge, *The New Challenge of Direct Democracy*, Cambridge/Oxford: Polity Press, 1996, pp.31-32. David Brin, *The Transparent Society: Will Technology Force Us to Choose Between Privacy and Freedom?*, Massachusetts: Perseus Books, 1998, p.132, 162.

7 宋興洲曾在其論文當中針對網際網路與審議式民主的病態面，有詳盡的整理與研析，特別在現行的網路空間的表現不如電子化民主預期，甚至是審議式民主本身在公共溝通上的困境的部分。宋興洲，〈網路民主的困境與局限〉，張錦隆、孫以清 編（2006），《政治與資訊的對話》。台北：揚智。頁53-61。

8 根據美國布朗大學發表的〈全球電子化政府調查報告〉（Global e-Government Survey; GES），我國電子化政府網站服務內容兩度獲評比為全球第一名（2002年與2004年）。布朗大學原始的報告，參見：http://www. insidepolitics.org/egovt02int.html、http://www.insidepolitics.org/egovt03int. html、http://www.insidepolitics.org/egovt04int.html。

9 蕭乃沂將哈佛大學和世界經濟論壇發布的網路整備指數（Networked Readiness Index; NRI）、聯合國公共經濟與公共行政機構委託美國公共

從事於行政技術的電子化，而欠缺諸如其他民主先進國家的電子化政府政策，所進行的全盤政治改革的創造性與發展性[10]。(2)台灣電子化政府在許多場合的主體是官僚而非人民，資源與資金都流向行政部門內部，難脫官僚本位。(3)台灣的電子化政府所呈現的是單向性的中央集權性格，缺乏網路所具有的（與人民）多向性互動的設計。(4)對於解決數位落差（digital divide）問題的政策，大部分集中於多語言網頁製作、偏遠地區網頁設置、或將淘汰電腦轉送到偏遠地區，這雖然有助於改善偏遠地區的就學青少年層相對於繁華地區的「資訊貴族」（information aristocracy）興起，所造成的數位學習斷層，但卻忽略在同一地區年齡、收入、教育、時間、性別等本質上的數位落差與數位文盲（digital illiteracy）的解決政策。(5)台灣的電子化政府並未正視電子化民主的問題，對照世界民主先進國家，莫不以電子化民主為電子化政府的最終目標，然我國政府在行政方面的電子化政策規劃後便裹足不前，對相關電子化民主政策付之闕如[11]。(6)電子化政府中包含隱私權與安全性等網路人權的保障相對較弱[12]。同時，中央政府亦

行政學會所規劃執行的標竿電子化政府（Benchmarking e-Government; BEG）、以及布朗大學的全球電子化政府調查三者比較後指出，布朗大學的調查「著重於政策面的探討，在有關隱私權、安全性以及對於特殊使用者的便利性方面」，還有對於基礎建設的研究相對缺乏。蕭乃沂，〈各國推動電子化政府之比較：整體資訊建設指標的觀點〉，《中國行政評論》，第13卷第1期，2003年12月，頁10。這顯示台灣的電子化政府會在布朗大學的調查中屢屢奪冠，但在其他電子化政府及其相關調查報告中卻僅是中上程度的原因，便是布朗大學僅衡量電子化政府的實際成效，而非著重整體資訊社會的整備水準。

10 蔡志恆、「電子化政府之評析」、http://www.npf.org.tw/PUBLICATION/CL/091/CL-C-091-384.htm。

11 以上五點參照：陳建仁，〈台灣における電子政府政策〉，《行政&ADP》，行政情報システム研究所，2005年3月號，頁12。

12 例如：台灣社會本來就缺乏保護個人情報的危機意識，而台灣的電子化政府更是在毫無人民的許可情況下，擅自將全國民所有官方資料在網路上互相整合連結，雖說是為了促進行政機關的單一窗口便民措施與效率提升等優質服務，但相反地卻存在著人民的所有情報將一起輕易地被外洩的隱憂，不惟如此，還存在著政府內部以數字管理人民，甚至全面監控人民的

有借電子化政府政策，徹底實施一條鞭的資訊制度，加強對地方政府的束縛，以致可能產生「電子化中央集權」（e-centralization）的現象。綜上所言，台灣的電子化政府若要過渡到電子化民主，似乎是前途艱難，行政部門對於將電子化政策拓展到與人民互動的銜接上多少顯得意興闌珊，也由於決策者與執行者都是身處於官僚體系之緣故，電子化政府顯然立基於官僚本位，其雖有行政效率與公共服務的提升之優點，但其思考之出發點依舊停留在民本而非民主之階段。

職是，一方面我們開始察覺電子化民主的虛幻性，但在另一方面我們又發現電子化政府將產生新的民主危機，這是資訊時代電子化民主的雙重困局（double dilemma）。亦即，在以電子化政府實現深化民主的目標上，如果要推動電子化民主，我們發現有窒礙難行的部分；然而設若我們不嘗試推動電子化民主，則電子化政府的反民主性格將會日益明顯。而不推動電子化政府，無法達到提升政府效率與增加便民服務的成效，但推動電子化政府而不以深化民主為目標，那麼將會出現以資訊通信技術為養分的獨裁專制政府。這是單向性電子化政府所面臨的局限及其困境。

叄、日本行政改革與電子化自治體

1980年代前後，日本經濟成長進入熟爛期的尾聲，為了重建日本財政與解決民主赤字，行政改革的呼籲與行動開始增強。日本行政改革可以略分為三個階段：第一個階段（1964-1980）著重於行政的精簡化與效率化，當時制定的調查報告被稱為「行政改革的聖經」，但因窒礙難行而遭到擱置；第二個階段（1981-1993）的課題在於行政應該要負責何種分野以及到何種程度，故又被稱為「行政的守備範圍論」、「行政的責任領域論」、或「官民角色分擔論」，並試圖進行行政與財政之改革；第三個階

疑慮。另外，台灣電子化政府政策亦有過分倚賴電腦與網路的情況下，產生公務人員本身裁量權遭到壓縮以及異化等問題。

段（1993-現在）則立足於前兩個階段的精神提出「政治的復權」，也就是回歸到民主主義的本質，由人民來決定應該要成立什麼樣的政府，易言之，此一階段的改革已經將焦點由過去的如何推動官僚行政的內部改革，轉變成如何打破官僚制度本身，只有從根本上釋出中央技術官僚的政策決定權，才有可能進行第二階段提倡的行政改革，以及第一階段要求的行政精簡化與效率化[13]。在這樣的理念下，第三階段的行政改革突破前兩階段紙上談兵的窘境，以「三個分權、三個信賴」為中心，立足於對政治（主要指國會與內閣）、地方、市場三分野的信賴，推動中央部會權力在此三分野的分散，希冀透過官僚權限的政治化、地方化以及市場化，來挽救這三分野對長期官僚體系運作下所產生的「政治不信」。政治分權的具體政策除簡化中央部會組織外，主要有：恢復立法部門的機能、政黨改革，以及首相官邸機能強化等行政機構的改革等。地方的分權有：權限、財源、人事的去中央集權化、廣域行政制度、「市町村合併」等。而市場的分權則有：法令與限制的鬆綁、國營企業（專賣制度）與特殊法人的民營化等。可以說，第三次行政改革基本上便是「去中央集權的民主改革」，而地方分權改革的重頭戲也隨之登場。

日本的地方分權改革主要的目的有二：一方面是為了提高地方行政效率與降低行政成本，另一方面則是為了提升地方自治團體的民主政治。為了達到這兩個目標，在政治制度上從兩個地方著手，一是地方的外部環境：例如鬆綁中央對地方的束縛，包括權限、財源、人事等；二是地方的內部環境：增強地方自治團體的能力。地方分權改革一方面想要破除「中央政府＝國家」的迷思，另一方面則要在法理上和實質上落實中央與地方的「對等・協力」的關係。而藉由第一次分權改革，日本地方自治團體擺脫過去中央的權限與人事的控制，從此擁有與中央成立「夥伴關係」（partnership）的對等基礎。同時，日本的電子化政府也分成兩部分

13 並河信乃，同前書，頁15-17。

進行，一部分是以「e-Japan戰略」系列為重心，推動各項資訊通信技術硬體環境、電子商務，及電子化政府相關制度的基盤等行政服務的數位化和網路化的整備；另一部分則是以電子化地方自治體為公共政策平台，發展擴大居民在公共政策上的關注、提案、決策及監督過程的參與，以落實電子化治理（e-governance），進而朝向電子化民主的目標。日本在推動電子化政府的初期，NTT資訊系統科學研究所就曾在〈關於電子化政府與民主主義的有識者調查結果報告書〉中指出，日本國民大多數認為將來日本的電子化政府應以北歐式（以促進地方居民的政治參與為主的電子化自治體），而非美國式（以提升行政效率和輔助選舉為主的電子化政府）為目標[14]，可以看出此為日本國民在意識到地方自治與民主參與的重要性，而產生支持參與式電子自治體的結論。

事實上，資訊通信技術與治理的結合，有助於擴大人民參與的範圍：首先，透過網際網路，公民可以獲得多元來源且豐富的資訊，而不必受限於官方有限而片面的資訊[15]。再者，網際網路的互動溝通特質，使得上網者較容易培養出尊重異見的態度[16]，因而在網際網路上應該不會發生意見兩極對立的情況[17]。其次，網路的匿名特性，可以免除內向、無自信、討厭麻煩、或是不願公開挑戰團體與權威之公民的心理障礙，有助於提高其

---

14 NTTデータシステム科學研究所，〈電子政府と民主主義に關する有識者調查結果報告書〉，http://www.nttdata.co.jp/rd/riss/ua/pdf/ua01-01.pdf。NTTデータシステム科學研究所（2002），《eデモクラシーという地域戰略》，東京：小學館スクウェア，頁202-226。〈電子自治体情報〉、http://www.jj-souko. com/elocalgov/。

15 Antje Gimmler, Deliberative Democracy ,the Public Sphere and the Internet, *Philosophy & Social Criticism*, 27: 4(2001) , p.31.

16 J. P. Robinson , A. Neustadtal, and M. Kestnbaum , The On-Line Diversity Divide: Public Opinion Differences among Internet Users and Nonusers. *IT & Society*, 1(2002), p.300.

17 Patricia Wallace, *The Psychology of the Internet*. New York: Cambridge University Press, 1999, p. 74 .

參與慾望，而匿名性使得上網者無需擔心歸責問題，也使他們可以安心地表達意見與偏好[18]。復次，在實際社會的運作中，社經地位較高者恆掌控了較一般人為大的優勢，這種不平等使參與民主或審議式民主難以落實，但在網際網路中，網際網路的匿名性與所需成本（硬軟體與時間）的相近，大幅減少人與人之間的不平等。最後，資訊通信技術的非同步性和互動性的特徵也是促進參與的要素。因此，整合資訊通信技術與地方自治的電子化自治體，將較以中央為主的電子化政府在民主深化上更有助益。正如某位日本學者所言：「沒有電子化政府的自治體沒有未來，而沒有居民參加的電子化政府沒有意義可言[19]」。因此行政改革的權力分散和深化民主的目標，與電子化自治體的目標獲得了一致性，這是日本如此重視民眾參與的電子化政府之原因。

肆、電子化自治體的運用與作用

從實質上的表現來看，日本中央主導的電子化政府政策的績效並不如台灣[20]。但是在參與式電子化自治體的表現上，台灣顯然是付之闕如[21]。從日本經驗可以發現，參與式電子化自治體對於電子化民主的表現上，約有以下幾點優勢：(1)地方自治團體的人數上相對較少，在網路的全體交流

18 Ibid., p.124.

19 NTTデータシステム科學研究所，前揭書，頁12。

20 台灣的部分請參閱注8。晚近，日本批評電子化政府績效的書籍增多，可參閱以下書籍：若菜金一郎（2006），《e-japan戰略の敗北》，東京：新風社。畔上文昭（2006），《電子自治体の○と×──e-japan戰略が殘した地方の姿》，東京：技報堂出版。

21 雖然日本中央主導的電子化政府，也被日本民間批評沒有從人民到政府的溝通管道，僅有政府到人民的單向性制式管道，相較於地方自治體所努力推動的電子化自治體，完全缺乏電子化民主的要素。西尾勝 編（2005），《自治体デモクラシー改革─住民．首長．議會》，東京：ぎょうせい，年，頁291。

與充分討論上相對較容易[22]。(2)網路的同文化圈意識形成效果可以凝聚地方共同體的意識，促進地方居民的認同感。(3)地方自治為民主政治的小學校，由於地方自治團體的事務是人民最切身的事務，能夠縮短人民對政治的距離感，也容易對政治參與產生達成感與自信心，從而培養住民對身邊公共事務的參與感與責任感，而使其願意關注治理。(4)藉由地方自治團體居民的政治參加，促進審議協商，使能夠落實公私部門的地方共同治理。(5)地方分權將形成政府權力的垂直制衡，減緩中央政府的集權程度。(6)數位落差問題並非單純硬體問題，應該尋求共同體成員的社區服務來漸進解決[23]。(7)藉由公部門資訊透明化的機能，可以達到民意監督的功能。(8)促進居民參與能力，如：搜集政治活動的議題、政治進程、動員和團結聯盟、創造多元化政策、從事政策形成等。上述這些優勢，正是可以補足電子化政府所欠缺的問題。

廣義的電子化政府除了有行政執行和地區發展的面向之外，最重要的還是CRM（Customer Relationship Management）的面向，CRM並非僅將民眾視為單純享受行政服務的顧客，亦有視其係與行政息息相關的納稅

22 比方說，無論任何網路平台，假設同時有一千人在線上討論，那麼每一個人要參與討論，就需要立即看完一千人分的發言與隨時出現的其他人的回應，然後再發表自己的意見，如此嚴苛的時間限制與精神消磨，除非受過速讀快打的高度訓練，不然只能迷失於文字洪流當中。雖說網路具有非同步的特性，但即使一千人不是同時在線，考量到人的先天能力的平均局限，還是得到同樣結論。

23 日本政府曾在富山縣山田村這個人口僅二千二百人的小村莊進行一場數位實驗，發配給每一個村民最新的電腦硬體，並將全村網路化，希望村民能夠自行學會使用電腦；但由於山田村全村幾乎都是老人，加上毫無電腦及網路的知識，導致電腦成為無用之物，實驗遂歸失敗以終。不過，一些來自日本各地的大學生在知道這個情形後，便自發地組成「山田村救助隊」，利用暑假多次到山田村教導老人使用電腦和網路。最後，村民漸漸地學會了使用網路並習慣網路，山田村奇蹟式地由數位文盲村變成電腦村。可見解決數位落差問題，並非僅是硬體問題，最重要還是存在使用者與軟體的問題。牧野二郎，《市民力としてのインターネット》，東京：岩波書店，1998年，頁164-169。另外，山田村自治體的網站：http://www.midori.com/yamada/。

者與主權者[24]。換言之，人民的角色與其說是「行政上的顧客」，毋寧是「行政與協力的夥伴」。可以說，狹義的電子化政府屬於前者，而電子化自治體的落實則是屬於後者。日本電子化自治體在促進人民的政治參與所提供的途徑，可以依照公共政策實施的規劃、執行及評估的三個階段來分類[25]。在包含提案、研議及決策的政策規劃階段，主要的途徑有：與居民的溝通對話及資訊傳遞、針對政策訂定與民眾交換意見、以民眾為主體或是公私合作的政策訂定、民眾的反饋；在政策執行階段，主要的途徑有：電子化資訊公開、過程透明化、執行單位的進程管理（民眾可以在網路隨時檢視進行狀況）、公民活動團體與NPO（Non-Profit Organization）的資料庫等；在政策評估階段則有「町造」（社區營造）的績效評估和居民滿意度的調查（參見**表6-1**）。其中，以電子化會議室（網路論壇）的設置，最能凸顯電子化自治體在民眾參與的作用。

以日本最著名的藤澤市的電子會議室為例，其主軸是公私部門就單一議題雙向討論，在交換意見後決定具體的政策。由於資訊通信技術具有非同步性和互動性的特徵，開創一個能夠讓大家討論交流的網路空間，在軟硬體設備的設置上誠屬容易，然困難點其實在於公部門的官僚本位心態與是否實際下放權力。以開始於2001年藤澤市觀之，其主要有兩個電子會議室，一個是公部門主導的「市公所會議室」，另一個則是由民間自己主導的「公民會議室」。前者主要在市政議題上提供公私意見交流的管道，後者則是讓居民自行自主經營（參見**圖6-2**）。重要的是電子化會議室的發言並非只是毫無效力的空談，而是透過居民組成的「運營委員會」進行設定議題，以及整理意見後向公部門提案的工作，確保電子化會議室討論的有效性與正當性。運營委員會依照議題的種類分別與相關部會召開會議後，在政策會議報告，接著經過「市民自治調整會」的討論，最後檢討實

24 榎並利博（2002），《電子自治体─パブリック　ガバナンスのIT革命》。東京：東洋經濟。頁162。

25 同前書，頁176-177。

表6-1 電子化自治體的政治參與途徑

政策規劃階段	（與市民的溝通對話與資訊傳遞） Town meeting的ICT應用 座談會與官員演講的ICT應用 （針對政策訂定與民眾交換意見） 政策訂定的網路應用 電子會議室 公眾意見 （以民眾為主體或是公私合作的政策訂定） 公民會議的網路應用（電子町內會[26]） 研究會、讀書會的網路應用 （民眾的反饋） 意見與民怨的資料庫 民意調查 網路投票
政策執行階段	電子化資訊公開 過程透明化 執行單位的進程管理 公民活動團體與NPO的資料庫
政策評估階段	「町造」（社區營造）的績效評估 居民滿意度的調查

資料來源：榎並利博，《電子自治体—パブリック・ガバナンスのIT革命》，東京：東洋經濟，2002年，頁176-177。

施的可能性。此外，關於公部門對提案的回答完全公開在網路上，而電子化會議室則會繼續反映對施政的意見，扮演反饋的角色（參見**圖6-3**）。

由此觀之，日本藤澤市的電子化自治體已經具備審議式民主，甚至是直接民主政治的雛型。藤澤市的居民得以透過資訊通信科技在接收地方自治體的訊息的同時，亦得以提供能被官方正式之意見以及監督官方之行

26 日本町內會是擁有地方自主性格的日本傳統村落共同體，有點像是台灣的社區的性質，其名稱非常複雜，有：「町內會」、「村內會」、「部落會」、「自治會」、「區會」等。過去曾經是日本軍國主義政府的末端機關，但第二次世界大戰後，具有半官方色彩的町內會及村內會等制度被改組為完全民間團體和任意團體。土岐寛等（2003），《地方自治と政策展開》。東京：北樹出版。頁53-60。

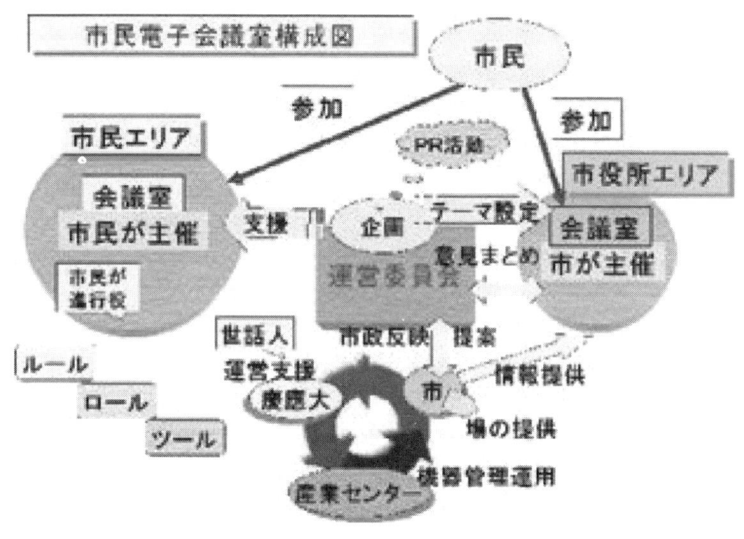

圖6-2　藤澤市市民電子會議室的構成圖

資料來源：藤澤市網站，http://www.city.fujisawa.kanagawa.jp/jiti/data05871.shtml。

政作為與行政效率，此即參與式電子化民主之出發點。而這樣的資訊通信

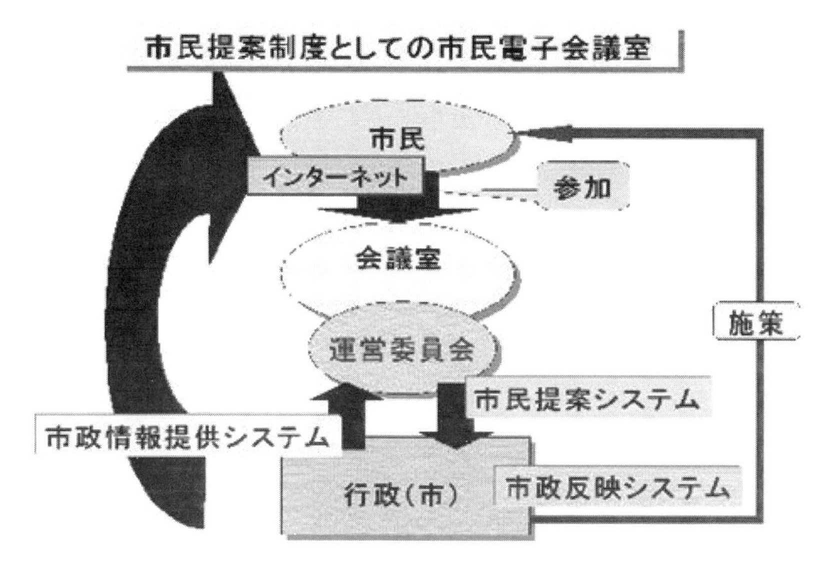

圖6-3　運用市民電子會議室的藤澤市市民提案制度

資料來源：藤澤市網站，http://www.city.fujisawa.kanagawa.jp/jiti/data05871.shtml。

技術之嘗試所需要的經費與人力甚微，台灣並非缺乏能力負荷與實施，但由於這種參與過程將會增加公部門的業務負擔與行政效率，以致於乏人問津，此是台灣電子化民主停滯不前之主因。

伍、代結論

民主國家中，無論行政改革或是電子化政府政策，其最終的目的皆是促進民主深化。然而，台灣不論是公部門或是私部門，在促進電子化民主的努力皆是成效緩慢。職是，將電子化民主對焦於台灣的地方自治團體，不僅可以改變代議政治下常常僅有菁英競爭而沒有民眾參與的現象，亦可以改變目前僅有中央集權而無地方分權的現象，甚至得以進一步縮短人民對政治的距離，透過資訊通信技術的情報公開和意見交換，實現修補現行代議民主政治的目的。誠然，地方自治體電子化治理的實施亦有其窒礙難行之處，譬如：由於電子化地方自治體政策本身便與其他事務同樣存在於中央政府的控制之下、網路的中央集權性強化中央與地方上下隸屬關係的科層體制，以及地方自治體網路技術受到中央政府主導等因素，莫不讓地方自治體在電子化民主的發展上無法脫離中央的控制[27]。此外，在最小地方行政區劃（村里與社區）缺乏地方自治的法制與財源，以及其電子化政府政策呈現荒蕪狀態等基本問題，俱是讓台灣走向參與式電子化地方自治體的障礙。然而，解決民主弊病的最好藥方還是民主，唯有透過擴大民眾對政治的參與度與增加民眾對政策的決定權，才能更深化民主，而電子化地方自治體正是資訊時代提供的線索。

---

27 中野雅至（2005），《ローカルIT革命と地方自治体》。東京：日本評論社。頁5-8。

參考書目

中文部分

Nicholas Negroponte 著，齊若蘭 譯（1995），《數位革命》。台北：天下。頁305。

牛萱萍（1999），〈電子化政府與網路行政〉，詹中原 編，《新公共管理──政府再造的理論與實務》。台北：五南。頁405-440。

宋興洲（2006），〈網路民主的困境與局限〉，張錦隆、孫以清 編，《政治與資訊的對話》。台北：揚智。頁39-78。

蔡志恆，〈電子化政府之評析〉，http://www.npf.org.tw/PUBLICATION/CL/091/CL-C-091-384.htm。

蕭乃沂（2003），〈各國推動電子化政府之比較：整體資訊建設指標的觀點〉，《中國行政評論》，第13卷，第1期。

日文部分

NTTデータシステム科學研究所（2002），《eデモクラシーという地域戦略》。東京：小學館スクウェア。

上條末夫 編（2005），《ガバナンス》。東京：北樹出版。頁75。

大森彌（2003），〈市町村の再編と基礎的自治体論〉，《自治研究》，第79卷，第12期。

小林重敬 編（1994），《協議型まちづくり─公共‧民間企業‧市民のパートナーシップ&ネゴシエーション》。東京：學芸出版社。

土岐寛等（2003），《地方自治と政策展開》。東京：北樹出版。

牛山久仁彦 編（2003），《広域行政と自治体経営》。東京：ぎょうせい。

山口二郎等 編（1994），《グローバル化時代の地方ガバナンス》。東京：學芸出版社。

山田肇 編（2005），《市民にやさしい自治体ウェブサイト——構築から運用まで》。東京：NTT出版。

中野雅至（2005），《ローカルIT革命と地方自治体》。東京：日本評論社。

中西啓之（2004），《市町村合併——まちの将来は住民がきめる》。東京：自治体研究社。

白井均等（2002），《電子政府最前線——こうすればできる、便利な社會》。東京：東洋経済新報社。

白藤博行等 編（2004），《地方自治制度改革論——自治体再編論と自治權保障》。東京：自治体研究社。

今川晃 編（2003），《自治体の創造と市町村合併——合併論議の流れを変える七つの提言》。東京：第一法規。

本田弘等 編（2002），《地方分権下の地方自治》。東京：公人社。

辻山幸宣（1994），《地方分権と自治体連合》。東京：敬文堂。

多賀谷一照等 編（2002），《電子政府　電子自治体》，東京：第一法規。

西尾勝 編（2005），《自治体デモクラシー改革——住民・首長・議會》。東京：ぎょうせい。

岩崎正洋 編（2005），《ガバナンスの課題》。神奈川縣：東海大學出版會。

伊藤祐一郎（2003），《最新地方自治法講座　總則》。東京：ぎょうせい。

牧野二郎（1998），《市民力としてのインターネット》。東京：岩波書店。

岩崎正洋（2005），《eデモクラシー》。東京：日本経済評論社。

岩崎正洋（2004），《電子投票》。東京：日本経済評論社。

岩崎正洋等（2005），《コミュニティ》。東京：日本経済評論社。

財団法人日本能率協會「自治体電子化コンソーシアム」（2004），《e-Government電子政府 自治体ガイド2004》。東京：日本能率協會マネジメントセンター。

並河信乃（1997），《図解 行政改革のしくみ》。東京：東洋経済新報社。

若菜金一郎（2006），《e-japan戦略の敗北》。東京：新風社。

松下圭一（1999），《自治体は変わるか》。東京：岩波。

松下圭一（2005），《自治体再構築》。東京：公人の友社。

松井茂記（2002），《インターネットの憲法學》。東京：岩波書店。

室井力 編（2002），《現代自治体再編論——「市町村合併」を超えて》。東京：日本評論社。

陳建仁，〈台湾における電子政府政策〉，《行政&ADP》。行政情報システム研究所，2005年3月號，pp. 8-13。

秋月謙吾（2001），《行政 地方自治》。東京：東京大學出版會。

横江公美（2001），《Eポリティックス》。東京：文春新書。

横道清孝 編（2004），《地方制度改革》，ぎょうせい。

總務省 編（2004），《平成16年版 情報通信白書》。東京：ぎょうせい。

沼田良（1994），《地方分権改革——市民の政府を設計する》。東京：公人社。

森田朗等 編（2003），《分権と自治のデザイン——ガバナンスの公共空間》。東京：有斐閣。

横道清孝 編（2004），《地方制度改革》，ぎょうせい。

新藤宗幸（2002），《地方分権》（第二版）。東京：岩波書店。

廣瀬克哉（2005），《情報改革》。東京：ぎょうせい。

畔上文昭（2006），《電子自治体の○と×——e-japan戦略が残した地方の姿》。東京：技報堂出版。

御園慎一郎等（2006），《電子自治体——その歩みと未来》。東京：日本法令。

榎並利博（2002），《電子自治体——パブリック·ガバナンスのIT革命》。東京：東洋経済。

英文部分

Besette Joseph M., *The Mild Voiceof Reason: Deliberative Democracy and American National Government*. Chicago: Chicago University Press, 1994.

Brin, David, *The Transparent Society: Will Technology Force Us to Choose Between Privacy and Freedom?*, Massachusetts: Perseus Books, 1998.

Budge, Ian, *The New Challenge of Direct Democracy*, Cambridge/Oxford: Polity Press, 1996.

Chambat, Pierre, "Computer-Aided Democracy: The Effects of Information and Communication Technologies on Democracy.", In Ken Ducatel, Juliet Webster, and Werner Herrmann. Eds., *The Information Society in Europe-Work and Life in an Age of Globalization*, Lanham/Boulder/New York/Oxford: Rowman and Littlefield Publishers, Inc., 2000, pp. 259-278.

Commission on Global Governance, *Our Global Neighborhood*, http://sovereignty.net/p/gov/ogn-front.html.

E-Governance Capacity Building UNESCO-CI, e-Democracy, http://portal.unesco.org/ci/en/ev.php-URL_ID=6289&URL_DO=DO_TOPIC&URL_SECTION=201.html, 2007年4月1日瀏覽。

E-Governance Capacity Building UNESCO-CI, e-Governance, http://portal.unesco.org/ci/en/ev.php-

URL_ID=2179&URL_DO=DO_TOPIC&URL_SECTION=201.html, 2007年4月1日瀏覽。

Gimmler, Antje, Deliberative Democracy ,the Public Sphere and the Internet, *Philosophy & Social Criticism*, 27:4, 2001.

Gutmann, Amy and Thompson, Dennis, *Democracy and Disagreement*. Cambridge, Mass.: Belknap Press of Harvard University Press.

Habermas, Jurgen, *Between Facts and Norms: Contributions to a Discourse Theory of Law and Democracy*. Cambridge, UK: Cambridge University Press, 1996.

Kooiman, Jan, Governance: a Social-Political Perspective, in Jügen R. Grote and Bernhard Gbikpi (eds.), *Participatory Governance, Political and Societal Implications*, Opladen:Leske+budrich, 2002, pp.71-76.

Robinson , J. P., Neustadtal, A. and Kestnbaum M., The On-Line Diversity Divide: Public Opinion Differences among Internet Users and Nonusers, *IT & Society*, 1, 2002.

Strange, Susan, *The Retreat of the State: The Diffusion of Power in the World Economy*. New York: Cambridge University Press, 1996.

Wallace, Patricia, *The Psychology of the Internet*. New York: Cambridge University Press, 1999.

第四篇

電子化政府與民主治理

第七章　資訊科技與民主治理的辯證關係——以電子化政府為例

王漢國　佛光大學公共事務學系專任副教授
兼系主任

摘 要

本文之主要目的，係針對我國自實施電子化政府以來，對於相關資訊科技的應用已日趨普及，然而近年來為何在接受不同國際機構的評鑑時，政府的施政績效卻多呈現不進反退的現象？尤其當我國的公部門組織，一如當前世界上有許多國家正面臨著治理困境之時，究竟資訊科技與政府治理兩者之間又存在著何種辯證關係？此處所謂的「治理困境」，係指由於治理能力不足、績效匱乏、行政效能不彰，或人民對政府施政滿意度偏低等，所引發的「難以治理」（ungovernable）或「不當治理」（illegal governance）現象。

基於此，筆者首先針對電子化政府的基本理念與願景，加以分析說明。其次，透過近年來國際上重要評鑑機構的調查結果，論證我國自實施電子化政府以來，為何在整體施政績效上卻不進反退？尤其，本文將探討資訊科技與政府治理兩者之間的辯證關係，亦即現代資訊科技所強調的資訊化與自動化、網路空間、整合與連結、科技能力、「去中心化」（decentralization）與彈性、顧客導向，以及即時性（real-time）及全球化等特性，尚需要哪些良好的政策環境與條件的配合，才能發揮其預期的功效。

最後，筆者必須強調的是，「民主治理」既然強調網絡的功能，對於網絡的建構與管理，「政府之責主要在於可測量的績效標的、參與夥伴責任清楚，資訊流暢等情況下達成公共目標，所採取的一系列有意圖的策略和行動。」明乎此，本文所提出的研究問題似可從資訊科技與民主治理兩者的辯證關係之中，找到答案。由此可見，資訊科技的創新與應用及與電子化政府推動之成功與否，實有賴於良好的政策環境、明確的政策目標、一貫的政策作為，及持續的政策評估，蓋政策乃是推動國家進步的基石。所以，我國在推動電子化政府或落實民主治理方面，尚有諸多待努力者，畢竟國際社會之間的競爭是無日或已、也是愈來愈激烈的。

壹、問題之提出

處於網絡社會與知識經濟的時代，現代政府為了有效推動政務、達成民主治理的目的，基本上其所需具備的能力有三項：(1)以民眾福祉為先、社會發展為重：就公共政策的觀點而言，政府不同於企業之處，即在於其施政的過程中，除須考量民眾意見和需求外，尚須扮演領航者的角色，宏韜遠略，致力於國家未來競爭力的提升。(2)完善資訊技術的應用：Christine Ballamy於《資訊時代的政府治理》（*Governing in the Information Society*）一書中指出：資訊科技將成為政府改革過程中，有效調和效率、品質與民主問題的工具，所以它是政府治理過程中不可或缺的要件。因為完善資訊科技的應用，其本身就意味著藉由資訊科技的媒介，使各種資訊能夠更有效的傳遞，而有助於政府面對環境挑戰時的處常應變。（Ballamy, 1998）(3)具備勇於創新的精神：在全球高度競爭的知識經濟時代，唯有不斷創新才是保持和贏得競爭優勢的關鍵所在。例如美國於2001年召開「國家競爭力會議」（Council on Competitiveness），在其發表的「美國競爭力2001」（U.S. Competitiveness, 2001）報告書中，即已明確指出大量投資資訊科技與高度的研發創新能力，乃是美國居於世界市場優勢的主因。

基於此，面對全球知識經濟時代的挑戰，公共政策的制定及推動，或相關資訊科技的創新及應用，無疑地皆已成為日益重要的課題。Manuel Castells曾針對資訊傳播科技的創新與應用而導致人類文明出現大轉型的社會型態，將它稱之為「網絡社會」（Network Society）[1]，並視為是一個「資訊科技典範」（Information Technology Paradigm）時代的來臨

1 關於討論「網絡社會」方面的專著，可參閱Dirk Messner, (1997) *The Network Society: Economic Development and International Competitiveness as Problems of Social Governance*, London: Frank Cass Publishers; Jan Van Dijk, (1999) *The Network Society*, London: Sage Publications, Inc.

（Castells, 1996）。不容否認的是，如今在公共行政與資訊科技的相關研究領域中，諸如「電子化政府」（electronic government）、「遠距民主」（tele-democracy）、「資訊政體」（information polity）、「電子共和國」（electronic republic），以及「電子民主」（electronic democracy）等名詞，不但耳熟能詳，並已成為產官學界所關切的熱門議題。

基本上，我國推動電子化政府過程，曾先後經歷了三個階段，此即第一階段的「邁向二十一世紀電子化政府」（1998年）、第二階段的「電子化政府推動方案」（2001年），及第三階段的「數位台灣計畫」（2002年），各項評估指標也從上網基礎建設、人員資訊應用，逐漸轉變為符合民眾生活所需的應用。簡言之，電子化政府的推動，旨在建立一個能夠反映人民需求為導向的政府，並以更有效率的行政流程，為人民提供更廣泛的、更便捷的資訊與服務。故一切應先從政府機關內部做起，再逐漸擴充至一般民眾的日常生活範疇，以達到提升政府績效及強化為民服務之雙重目標。

近十年來，隨著我國電子化政府的推動或相關資訊科技的應用，一方面驅動了對於政府體制、法令規章，以及組織文化調整與修正之呼籲，而在普遍要求改革的聲浪之中，例如知識團隊之形成、知識平台之建構、政府業務執行之模式等，亦已成為檢驗施政良窳的關鍵（林嘉誠，2004：16-19）。另一方面，觀察我國自推動電子化政府迄今已屆滿十年，此期間在接受若干不同國際機構，例如「世界經濟論壇」（World Economic Forum, WEF）、瑞士「國際管理學院」（International Management Development, IMD）或國際知名的「標準普爾信用評等公司」（Standard & Poor's）等之多次評鑑結果，卻一再顯示在「基本需求」、「效率提升」與「創新因素」各方面皆有每下愈況、不進反退的現象。本文之主要目的，即在針對我國自實施電子化政府後，相關資訊科技的應用也日趨普及，然為何近年來在接受不同國際機構的評鑑結果，卻多呈現出不進反退的現象？尤其當我國的公部門組織，一如當前世界上有許多國家正面臨著治理困境時，究竟資訊科技與政府治理兩者之間又存在著什麼樣的辯證關係？此處所謂的「治理困境」，係指因治理能力不足、績效匱乏、行政效能不彰，或人民對政府施政滿意度偏低等，所引發的「難以治理」（ungovernable）與「不當治理」（illegal governance）之現象。

此誠如Helen Margetts所指出：資訊科技在現代社會的重要性固不待言，然而在政府組織中的應用效果，須從其處在哪些政策工具配置的基礎架構上來決定（Margetts, 1995: 92）。同時，由於政府的治理能力往往取決於這些政策工具的配置型態，以及交互之間所可能產生的作用（Howlett, 1991: 1-21; Peters, 2000: 35-45；張世杰等，2004：335-341）。這裡所指的政策工具，大致上包括「分配型」、「管制型」與「重分配型」等三種型態。而隨著選擇政策工具之不同，往往影響政策資源、評估重點、評估指標與政策績效上的差異。因此，Arron Wildavsky曾嚴正地指出：在任何組織之中，將資訊科技的應用投注於「正式資訊系統」（formal information system）的建置問題時，也不能忽略掉組織中一樣存在著「非正式資訊系統」（informal information system），而這些「非正式資訊系統」主要存在於組織的個人關係網絡之中（Wildavsky, 1983: 30）。

因此，本文筆者首先將針對電子化政府的基本理念與願景，加以分析說明。其次，透過近年來國際上重要的評鑑機構的調查結果，論述我國自實施電子化政府後，為何在整體施政績效上卻是不進反退？尤其，本文將探討資訊科技與政府治理兩者之間的辯證關係，亦即現代資訊科技所強調的資訊化與自動化、網路空間、整合與連結、科技能力、「去中心化」（decentralization）與彈性、顧客導向，以及即時性（real-time）及全球化等特性，尚需要哪些政策環境與條件的配合，才能發揮其應有功效。最後，筆者將提出綜合觀點，以供政府主管機關做為未來提升施政績效及強化為民服務功能之參據。

貳、電子化政府的基本理念與發展願景

對於電子化政府的定義，中外學者有著不同的觀點和論述。基本上，電子政府的科學內涵可以概括為：政府利用現代資訊和通訊技術打破傳統行政機關的組織（溝通）界限，建構一個以資訊網絡環境為主體的電子化的虛擬政府（Virtual Agencies），使行政資訊得以快速傳播與發布，進而確立一個精簡、高效、廉潔、公正的政府運作模式（Thurow, 2003; Burk, 2002; Wirtz, 1997）。另根據聯合國發布有關於全球電子化政府發展狀況的調查報告中，已將其進一步簡單定義為：「應用資訊及通信科技（Information and Communication Technologies, ICTs）改革其內部和外部聯繫的政府」。此外，在界定電子化政府上，亦有狹義與廣義之分。狹義的電子化政府係指：政府以高效、資訊公開、提高服務質量為目標，在政府行政部門之間，以及政府與民間社會之間，推展的資訊化與網絡化建設，進而導致政府行政決策流程與組織行為的根本改變。至於廣義的電子化政府，則以實現「電子民主化」為目標，有效促進政府、公民與企業之間的緊密交流與合作（王洪杰、尹華，2006：77-80）。

實際上，聯合國的經濟與社會部（DPEPA/UNDESA）早在2003年即已主張，電子化政府的建構，除具備一國資訊基礎建設的「電子化政府的整備度」（readiness）之外，必須包括「電子化參與」（e-participation）的指標，其中特別注重「電子化資訊提供」（e-information）、「電子化公民諮詢」（e-consultation），以及「電子化決策」（e-decision-making）等三項要求（黃東益、陳敦源，2004：2-3）。由此可見，電子化政府的終極目標，不但是創造透明化與高效率的公共服務型政府的重要途徑、拓展公民參與及民主行政的必經之由（例如民主審議、電子民主），而且也是以突破資訊壟斷、轉變政府職能、提高溝通效率、實現社會正義為目標的系統性運作的要件。質言之，電子化政府既然是以強調創新、服務與發展為核心理念，因此最重要的精神內涵就是要建構一個「虛擬機關」，使得社會各界與民眾能夠快速的選用整合性資源及資訊服務，並依照社會各界與民眾的實際需求及使用形式，提供各種不同的服務選擇，以發揮「電子民主」或「遠距民主」的功能。因此，隨著網路科技的蓬勃發展，也創造了許多形式不一的新「民主對話機制」（Jones, 1995; Porter, 1997），然後透過此一機制的運作，一方面可以不斷強化政府與民眾之間的互動，使得政府施政能夠真正了解民眾的需要，以增進彼此的信任與互賴；另一方面則是充分運用互聯網絡中資訊傳播的特色，賦予公民更廣泛的民主權利，從而強化公民自主與自治的能力。

圖7-1即說明了電子化政府在反映和處理民意的基本流程，該流程之重點，即在於蒐集民意、回應民意、建立民意資料庫，以及建立施政知識庫，使民意作為施政執行、修正政策法規之依據。故如何將民意反應轉化成為具體於施政作為，無疑正是現代民主行政的真諦所在。

尤有進者，吾人若細心觀察，便不難發現，我國近年來政府所建立的傾聽民眾聲音的機制已包括有：民意調查、人民陳情、意見箱、公聽會、與民有約等。尤其在政府大力推動電子化政府，積極普及資訊基礎建設後，機關電子信箱、首長電子信箱、民眾留言版、公共論壇、線上民意調查等方式，更普遍設置在各機關建置的網站上，對於民意的蒐集更加頻繁，資料也更加豐富，其目的即在隨時掌握民眾的需求，以提供民眾所需要的服務（宋餘俠等，2004：39）。目前，普遍所見的是，為了提升政府的服務品質，我國除了強調單一窗口化的服務功能之外，並透過網際網路的運用，以及整合型入口網的設置，方便民眾線上申辦，以減少民眾為洽公而四處奔波之苦。

就電子化政府與制度創新兩者的關係而言，由於現代政府權力體系變革主要呈現兩種趨勢：一種趨勢是政府逐漸由單純的直線型權力關係，轉變為橫向式聯繫，以減少權力過度集中於高層管理者，也減輕了高層管理者的決策壓力。另一種趨勢，則是政府程度不同的從集權走向授權，授

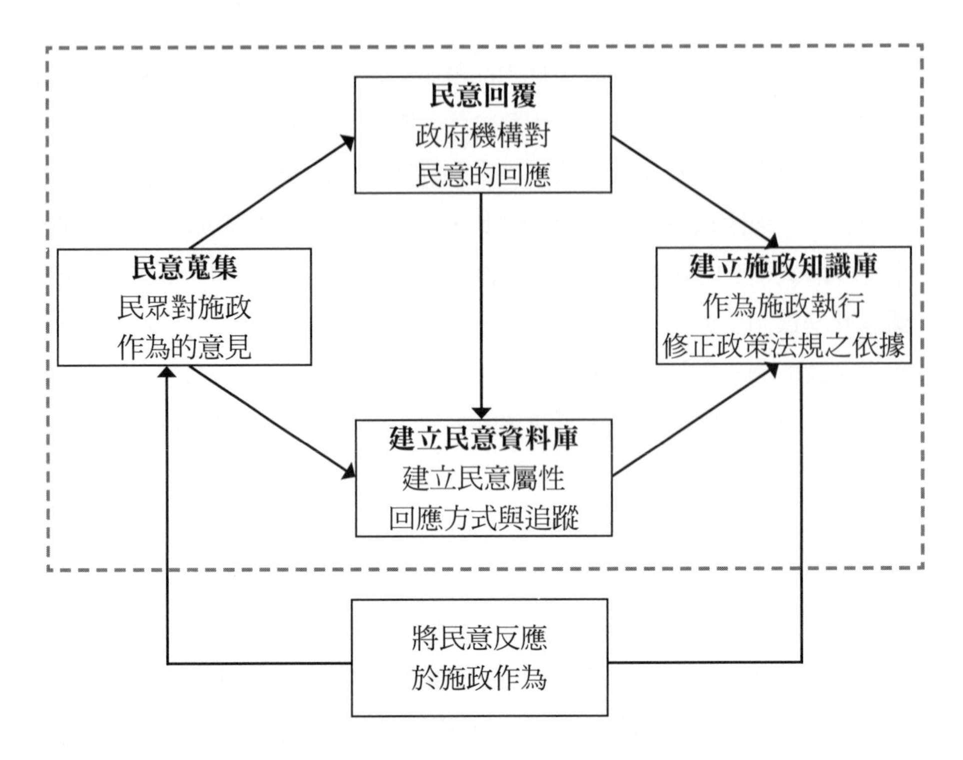

圖7-1 電子化政府反應民意的具體措施

資料來源：蕭乃沂，〈化民意為施政知識：智慧型政府必備的能力〉，《國政研究報告》（2001年5月18日），http://www.npf.org.tw/PUBLICATION /CL/090/CL-R-090-028.htm。

權不同於分權，授權會使政府內部有更多成員參與決策[2]。電子化政府的優點，即在於符合橫向聯繫式的授權原則，因此對於現代政府推動的民主化、高效化、賦能化（empowerment），亦能起著積極的帶頭作用。

尤有甚者，現代資訊科技乃是「圍繞著知識組織起來的，其目的在

2 有關現代政府權力體系變革的深入討論，參閱Michael Barzelay, *Breaking Through Bureaucracy: A New Vision for Managing in Government*, 第八章〈後官僚制範式：歷史的觀點〉內容。See also Michael Barzelay and Linda Kaboolian, "Structural Metaphors and Public Management Education", *Journal of Policy Analysis and Management*, (Fall 1990): 599-610.

進行社會管理與行政革新；相反地，此種新的社會關係與政府結構，都必須從政治上加以管理。」此意指，「有系統、果斷又有組織架構的訊息，才是先進社會想要採納的資源」[3]（Bell, 1972: 40, 185）。換言之，理想中的電子化政府，意指在民主政治的體系中，可以透過電腦與網路的廣泛使用，以傳遞資訊與通訊、整合與分享利益，進而形成決策（Hagen, 1997；項靖，1999：8）。此即一般所稱的「網路民主」（Network democracy）[4]，其主要作用在取代功能日漸失靈的傳統議會政治、司法體系與大眾媒體。因此，在建立電子化政府的願景上，不但需要講求創新的、服務的與參與的理念及制度性作為，尤其需要重視人力資源的開發與運用，因為人本思想才是一切制度興革和組織再造的根本。

從行政院經濟建設委員會於2002年所公布的「知識經濟社會總體指標」（見**表7-1**）觀之，即不難了解知識資本、創新能力、資訊科技應用與知識社會基礎建設等四項指標，對於完善電子化政府的建立及其功能運作而言，可說是彼此相輔相成，不可或缺的。

尤有進者，信任既是電子化政府的驅動力，也是網絡經濟不可或缺的基礎。這是電子化政府的屬性所使然。電子政府的主要特徵有：網絡通訊技術的廣泛使用；線上作業環境的非人化；資訊容易被蒐集、處理與共享；技術平台的統一、開放等（嚴中華、米加寧，2004：38-39；譚英俊，2003：28-31）。這些特徵固然為電子化政府創造了優勢，但相對地也加劇了公眾與政府之間的時空間隔，增加了更多政策上的不確定性和風險性，從而降低了公眾認知的控制力，這些無疑是推動電子化政府的主要障礙，甚值正視。

---

3 Daniel Bell認為後工業社會的轉變有三個方面值得注意：理論性知識將愈益重要；社會在轉型時，對未來憧憬將凸顯科技、科技掌控及潛力等議題的重要性；以及出現全新的決策過程（Bell, 1974:14）。

4 基本上，Dick Morris於1999年出版的*Vote.com.*一書，對於美國實施網路投票充滿著高度樂觀的期待，並指證歷歷的強調，網路民主將是挽救「民主失靈」的唯一良方。

表7-1 知識經濟社會之總體指標

1.**知識資本**	·發明與設計專利的量與質 ·原創性文學、藝術、表演等著作的出版量與銷售量 ·商業設計新穎性與原創性 ·人力資源的數量與素質 ·民眾基本科技、人文素養（參考指標） ·企業全球品牌知名度
2.**創新能力**	·研究機構的質與量 ·企業研發的質與量 ·新創事業與創新活動的鼓勵程度 ·產學研之間的知識流通 ·創新研發國際合作程度 ·創業精神的表現（參考指標） ·智財推廣與交易機制的完整性 ·組織內知識管理的落實 ·新商品的推出速度與成功率
3.**資訊科技應用產業電子化程度**	·數位化內容的豐富度（參考指標） ·寬頻網路普及率（家庭／學校／其他） ·網上學習普及程度
4.**知識社會基礎建設**	·政府施政透明度與行政效率 ·智財與相關科技法律制度的完整性與執行程度 ·社會互信與相互尊重程度 ·創新教學與教育創（革）新的積極性 ·社會的國際化程度（參考指標） ·財務金融相關市場運作效率 ·終身學習的環境形塑與推動情形

資料來源：行政院經濟建設委員會，2002，「知識經濟社會總體指標」計畫。

有鑑於此，近年來世界上有許多國家在致力於電子化政府的推動上，為了有效排除其主客觀條件上的障礙，乃藉由數位學習、知識管理來提升公務員生產力，促進政府績效，進而要求落實顧客關係管理，以提升為民服務的品質。究其核心理念是：「人民應當能影響控制他們生活的決定」（Bell, 1984: 399）。此顯而易見的是，電子化政府的建構必然會引發組織設計、運作方式和人員觀念、素質的重大變化，因為它是從根本上改變了政府行政方式和政府治理內涵的新途徑，從而深刻影響行政決策的過程。

以美國布朗大學推動多年的「全球電子化政府評比」（Global E-Government Study）為例，2006年6至7月間，該校曾針對全球一百九十八個國家中的一千七百八十二個政府網路，進行了相當廣泛的評鑑。其評鑑項目包括了政府相關資訊的取得與申辦、線上交易或溝通管道，以及有關穩定性、安全性、語言、隱私權、契約資訊、弱勢族群的協助等。（http://www. insidepolitics.org/policyreports.html）此種評比方式，實際上與「世界市場研究中心」（WMRC）及「世界經濟論壇」（WEF）的調查技術相去不遠。除此之外，目前也有許多機構從更廣泛層面進行評比，諸如從民眾與企業的角度進行電子化政府的總檢驗，或者從政府施政績效的良窳切入，以期達致政府與民間社會的有效性及可親性。

環顧宇內，迄今已有加拿大倡導的「以客戶服務為中心的人性化電子政府」（WWW.CANADA.GC.CA/WWW.GC.CA）、新加坡強調的「完全面向公民人生歷程的電子服務」（WWW.GOV.SG）、美國重視的「全面面向政府、企業、公眾的電子政府」（WWW.FIRSTGOV.GOV）、英國提倡的「全球領先的共享知識管理系統支撐的公共服務」（WWW.UKONLINE.GOV.UK），以及瑞典推動的「以便民服務為第一目標的電子政府」（WWW.SVERIGEDIREKT.SE）等新政府型態。無疑的，這些都是透過電子化政府來創新政府行政決策方式，和政府治理內涵的具體寫照。基於此，吾人不難理解電子化政府的本質，並非單純地將資訊科技應用於政府行政或公共事務的處理，也不只是如何應用資訊技術來提供資訊與電子服務，提高行政效率，而是講求當政府在面對資訊技術日新月異所帶來新的社會規範的挑戰時，應如何以政府再造加速促進組織轉型、以「電子化參與」提高公民參與共識，以及如何適應資訊社會需要的新治理典範，去達到促進善治、實現良政的最終目標。

叁、國際評鑑機構調查結果之分析[5]

基本上，電子化政府包括了四個概念主體，此即：技術、資訊、政府與服務。技術是指架構和實現電子化政府的基礎及手段；資訊是電子化政府向顧客提供服務的載體；政府既是電子化政府的行為主體，也是電子化政府本身賴以體現的實體；服務既是電子化政府所欲達致之目標，也是核心理念之所繫。簡言之，電子化政府的建立和實踐，乃是以達到促進善治、實現良政為最終目標。

因此，不論是從聯合國經濟與社會部（DPEPA/UNDESA）、美國公共管理協會（ASAP），或是其他相關民間機構對於電子化政府的評估，大致皆不脫以下幾項指標：(1)政府網路資訊與服務的成熟度；（2)對資訊通信技術（ICT）基礎設施的數據分析：彈性（Flexibility）、可升級性（Scalability），可靠性（Reliability）；(3)對人力資本的數據分析：人力發展指數、資訊獲取指數，以及城市人數占總人數的百分比等。而在政府服務項目之中，除G-C、G-B、G-G之外，政府內部服務（內部效率與效能，IEE）與公民利益，亦被列入其中，即著眼於此（朱國瑋等，2006：104-110）。

根據2004年10月，「世界經濟論壇」（WEF）發表的競爭力排名，我國在「成長競爭力」上的排名固然位居全球第四，惟在「成長競爭力」三項評比指標中的「公共政策」排名則較2003年倒退了六名，滑落至第二十七名。據「世界經濟論壇」首席經濟顧問Augusto Lopez-Claros表示：台灣在政府公部門效能、政策赤字及貪污方面均有待改善，否則未來有

5 目前國際上的評鑑機構為數甚多，且各自關注的政策議題與評比項目亦不盡相同，例如D & B, EIU, Freedom House, IDC & World Time, IMD, The Heritage Foundation, Times, UNCTAT, WEF, World Bank等。本文限於篇幅，僅擇其中評鑑結果之一二加以分析，特予說明。

可能拉低整體排名[6]。無獨有偶，國際知名的「標準普爾信用評等公司」（Standard & Poor's），亦曾於同年11月30日宣布台灣主權評等雖仍維持「AA-」，但評等展望卻由「穩定」降為「負向」。據標普主權分析師Philippe Sachs指出：過去一年來，台灣政治局勢不穩定，兩岸關係趨於緊張，加上政府財政赤字不斷惡化及債務攀升，還有混沌不明的立委選舉及修憲議題，都是影響「標普」調降台灣主權評等展望的主要因素[7]。

從上述「世界經濟論壇」與「標準普爾國際信用評等公司」所公布的數據顯示，公共政策的重要性不言而喻。因為，它不但對政府施政績效良窳具有重要的指標作用，也能夠相當程度地反映了一個國家實質總體競爭力的強弱，同時更說明了欲完善公共政策的施為，就必須重視和檢討攸關其成敗的各項核心因素，諸如政策目標、價值、規範、策略、規則與程序等，因為這些因素皆直接或間接影響決策的品質與效能。

另根據「世界經濟論壇」於2006年9月底出版的「2006-2007全球競爭力報告」（The Global Competitiveness Report 2006-2007,GCR），它首次採用了「全球競爭力指標」（The Global Competitiveness Index, GCI）作為衡量競爭力的主要評鑑依據。報告中進一步揭露了全球競爭力、企業競爭力與成長競爭力等三項競爭力評比結果，作為提供各國政府與企業在制定或規劃提升競爭力相關法規或策略時的重要參考依據（http://twbusiness.nat.gov.tw/ asp/superior4.asp）。

在GCR 的2006至2007年全球競爭力評比中，我國排名全球第十三名，較去年退步五名；在亞太地區排名第四，次於新加坡（全球第五）、日本（全球第七）與香港（全球第十一）。全球前二十名國家中，名次退步最多為法國（從第十二名退到第十八名），其次為我國與美國。全球前

6 《中國時報》，2004年11月16日，A7版。

7 《中國時報》，2004年12月1日，B1版；另參閱《中國時報》，2004年12月21日〈社論〉。事實上，標準普爾對台灣主權評等仍在持續下降，目前評等為AA-/負向A-1+。《中國時報》，2006年6月10日，A5版。

二十名國家依序為：瑞士、芬蘭、瑞典、丹麥、新加坡、美國、日本、德國、荷蘭、英國、香港、挪威、台灣、冰島、以色列、加拿大、奧地利、法國、澳洲以及比利時等。

首先必須指出，我國在三大指標的評比中，以創新因素表現最佳，名列第九；基本需求排名第二十一名，表現最差。在九大支柱中，排名前十名的有高等教育與訓練（第七名）以及創新（第八名），排名表現最差的則是制度（第三十二名）、總體經濟（第二十七名）、健康與初等教育（第二十五名），以及市場效率（第二十二名）。如從我國近兩年的排名表現來看，三大指標的名次皆有退步，其中以效率提升的退步幅度最大（見**表7-2**）；九大支柱中除了健康與初等教育進步七名外，其他排名皆有退步，又以市場效率與制度的退步幅度最大，分別退步十四名與十名。

一般而言，造成我國在制度方面表現欠佳的主要原因，包括政治力介入司法、恐怖活動與組織（金融）犯罪加重企業成本負擔，以及企業財務審查機制成效不彰等，這些戕害競爭力發展的因素，都反應在相關細項指標的排名表現上。至於我國市場效率整體表現欠佳，主要為銀行的財務結構不健全所致，該項指標在全球一百二十五個接受評比的國家中排名第一百，表現亟待提升。此外，主管機關核准公司設立的行政流程時間也過長，導致我國整體市場效率不彰。這些都是我國競爭力發展的弱勢，也是最需要大力改善之處，故需從此處著手，才能有效提升我國整體競爭力的表現。

其次，在全球競爭力指標的九大支柱中排名奪冠的國家有：芬蘭、

表7-2　我國近兩年的全球競爭力指標排名與分數

	2006	2005	進（退）步	2006	2005	進（退）步
全球競爭力	13	8	-5	5.40	5.52	-0.12
基本需求	21	19	-2	5.50	5.60	-0.10
創新因素	14	6	-8	5.40	5.50	-1.10
效率提升	9	8	-1	5.40	5.44	-0.04

資料來源：WEF「2006-2007全球競爭力報告」。

德國、阿爾及利亞、日本、香港與瑞典（見**表7-3**），這些國家都是值得我國效法的對象。至於亞太地區主要國家的全球競爭力評比，以新加坡表現最好，其次是日本、香港、台灣與澳洲。日本與香港屬名次進步最多的國家，分別為第七名與第十一名，皆進步三名；退步幅度最大的國家為中國，由第四十八名下降到第五十四名，其次為我國與南韓，分別退步五名（見**表7-4**）。

事實上，觀察亞太先進國家在各項指標的表現亦可知，我國在高等教育與訓練的表現一枝獨秀，而在創新因素指標的表現僅次於日本，且與其他國家保持明顯領先差距，至於其他指標的評比表現，各國都有值得我國借鏡和學習之處。從九大分類支柱來看，新加坡除了高等教育與訓練、企業純熟度與創新外，各方面的表現都優於台灣；香港除了健康與初等教育、高等教育與訓練以及創新外，其他表現都勝過台灣；澳洲表現不如台灣的方面有基礎建設、高等教育與訓練、企業純熟度與創新；紐西蘭在機

表7-3　全球競爭力台灣分項評比表現以及與領先國差距

指　標	領先國（第一名）		中華民國		
	國名	分數	排名	分數	與領先國差距
全球競爭力指標	瑞士	5.81	13	5.41	0.40
基本需求	丹麥	6.15	21	5.50	0.65
制度	芬蘭	6.05	32	4.56	1.49
基礎建設	德國	6.51	16	5.58	0.93
總體經濟	阿爾及利亞	6.19	27	5.10	1.09
健康與初等教育	日本	6.95	25	6.77	0.21
效率提升	美國	5.66	14	5.36	0.30
高等教育與訓練	芬蘭	6.23	7	5.67	0.56
市場效率	香港	5.69	22	5.07	0.62
技術整備	瑞典	6.01	14	5.32	0.69
創新因素	日本	6.02	9	5.38	0.64
企業成熟度	德國	6.26	15	5.45	0.81
創新	日本	5.90	8	5.31	0.59

資料來源：WEF「2006-2007年全球競爭力報告」。

構環境、總體經濟、健康與初等教育以及市場效率的表現優於台灣；南韓則只有在總體經濟以及健康與初等教育等兩項分類表現優於台灣（見**表7-5**）。

除此之外，另一項讓人感到憂心的報導是，2006年「國際電訊聯盟」

表7-4　亞太主要國家近兩年的全球競爭力評比排名

國家	全球競爭力		基本需求		效率提升		創新因素	
	2006	2005	2006	2005	2006	2005	2006	2005
新加坡	5	5	2	3	3	2	15	14
日本	7	10	19	25	16	17	1	2
香港	11	14	4	4	11	12	18	21
台灣	13	8	21	19	14	6	9	8
澳洲	19	18	11	12	10	8	24	23
紐西蘭	23	22	16	15	21	13	25	22
南韓	24	19	22	20	25	20	20	17
印度	43	45	60	65	41	46	26	26
中國大陸	54	48	44	45	71	62	57	48

資料來源：WEF「2006-2007年全球競爭力報告」。

表7-5　亞太先進國家的全球競爭力評比表現

指　標	新加坡	日本	香港	台灣	澳洲	紐西蘭	南韓
全球競爭力指標	5	7	11	13	19	23	24
基本需求	2	19	4	21	11	16	22
制度	4	22	10	32	11	8	47
基礎建設	6	7	3	16	18	27	21
總體經濟	8	91	9	27	23	25	13
健康與初等教育	20	1	35	25	21	6	18
效率提升	3	16	11	14	10	21	25
高等教育與訓練	10	15	25	7	14	22	21
市場效率	4	10	1	22	11	15	43
技術整備	2	19	13	14	7	23	18
創新因素	15	1	18	9	24	25	20
企業成熟度	23	2	13	15	28	26	22
創新	9	1	22	8	24	25	15

資料來源：WEF「2006-2007年全球競爭力報告」。

（ITU）的統計結果，台灣網路普及率為60%，輸給香港69%、南韓67%和新加坡66%，居亞洲四小龍之末[8]。

依行政院經濟建設委員會於2002公布的「知識經濟社會總體指標」計畫內容觀察，電腦、資訊條件與網路普及率不僅攸關一國的國際競爭力，同時對於拓展人民視野、落實電子化政府目標，或解決「數位落差」等問題而言，皆十分重要。正如**表7-6**所示，在資訊化社會的四項指標中，電腦數量、資訊條件與網路普及率等皆代表著知識經濟社會的特徵，而如今我國居然已落入亞洲四小龍之末，此一情況，實不容輕忽。

尤有進者，根據瑞士「國際管理學院」（IMD）於2006年5月11日發布的「2006年世界競爭力」排名，在六十一個經濟體中，我國排名第十八名，較2005年滑落七名。2006年我國競爭力排名是自2002年以來首次滑落，過去三年共進步九名，今年卻大幅下滑七名。名列世界前十名國家與去年相同，惟排名略有變化，前四名的國家排名維持不變，分別為美國、香港、新加坡及冰島（http://twbusiness. nat.gov.tw/asp/ superior7.asp#表3）。

表7-6 資訊化社會指標

1.電腦	2.資訊	3.網際網路	4.社會
·學校中平均師生擁有電腦數量 ·政府／商業用電腦數量 ·非家用連網電腦數 ·個人電腦數量 ·軟體／硬體價格比	·平均每人電視機數 ·行動電話普及率 ·行動電話成本 ·傳真機普及率 ·廣播普及率 ·電話錯植率 ·平均每戶電話線數	·有線電視普及率 ·非農業工作力之連網率 ·平均電子商務之花費 ·家庭上網率 ·學校上網率	·人民自由程度 ·報紙普及率 ·出版自由度 ·中學程度人口比率 ·大專程度人口比率

資料來源：行政院經濟建設委員會（2002），「知識經濟社會總體指標」計畫。

8《中國時報》，2007年3月12日，A2版。

在東亞國家中，日本與中國大陸明顯進步了許多，較去年分別上升四名與十二名，排名分別居第十七名、第十九名。韓國則由第二十九名下降為第三十八名，下滑九名。以2006年為例，香港、新加坡、日本與中國大陸均屬近五年來表現最好的一年，台灣與韓國則是近五年來排名最落後的一年。至於其他亞太國家的排名，紐西蘭第二十二名（退步六名）、馬來西亞第二十三名（進步五名）、印度第二十九名（進步十名）、泰國第三十二名（退步五名）、菲律賓第四十九名（相同）、印尼第六十名（進步一名）等，都落後於我國。

若進一步分析，在六十一個接受評比國家之中，2006年四大類指標排名均呈滑落，「企業效能」排名第十四名，較具競爭優勢，而「經濟表現」、「政府效能」及「基礎建設」排名分居第二十七名、第二十四名及第二十名，相對較弱。以下就衡量競爭力的四大中分類項目分析如次[9]：

一、「企業效能」（business efficiency）方面

本大類是我國最具競爭優勢的項目，於2002至2005年間進步十名，惟2006年大幅滑落八名，降至第十四名。依據細項資料顯示，我國企業家精神、勞資關係、工時、企業對市場應變力、國人對全球化的認知等方面處相對優勢。惟2006年在銀行管理透明度、公司債務情形、企業監理與會計等，排名均呈現下滑。

二、「政府效能」（government efficiency）方面

本大類排名於2002至2004年間進步六名之後，去年下滑一名成為十九名，2006年再下降至第二十四名。觀察細項指標，大致反應政府經濟政策在若干層面發揮優勢效能，包括中央政府低外債、央行高外匯存底、優勢

9 以下分析，主要參考IMD網路資料：http://twbusiness.nat.gov.tw/asp/superior7.asp#表3。

投資環境（稅負、利率）等方面；惟企業經理人對財政展望不樂觀、憂心政治不穩定、社會凝聚力與政府政策一致性不足，值得警惕。

三、「基礎建設」（infrastructure）方面

本大類排名在過去五年裡處於十八至二十三名之間，2006年排名第二十名，較去年下滑二名。在中分類之中，「技術建設」與「科學建設」兩項表現優異，排名分別為第四名、第五名，為所有中分類項目中最佳者；若干優勢細項均名列前茅，包括專利權生產力、網路寬頻成本、高科技產品出口、學校重視科學、網路寬頻使用戶數等。中分類項目中，如「教育」、「基本建設」，及「醫療與環境」名次均呈下滑；弱勢細項包括：醫療支出占GDP比率、廢水處理場與人口比率、二氧化碳排放量等。

四、「經濟表現」（economic performance）方面

本大類在2002至2005年間排名大幅進步二十名，惟2006年下滑九名，降至第二十七名。主要因去年受國際油價高漲及國內民間投資成長趨緩，經濟成長略受影響，加上物價因受接連風災及油價上漲影響，全年上漲幅度攀升，以及外人直接投資成長趨緩，城市生活成本高，企業經理人憂心產業的生產部門及研發部門外移，因此排名下滑。

由此可見，我國在瑞士「國際管理學院」（IMD）的世界競爭力排名，2006年為近五年來首見退步，四大類指標 （企業效能、政府效能、基礎建設、經濟表現） 排名均較2005年退步。其中，經濟表現大幅下滑九名，誠匪夷所思。就未來長期發展而言，我國提升競爭力的主要挑戰不外乎：加速培育優秀人才、強化創新與研發能力、確保生活品質與永續環境、維持穩定的兩岸經貿關係、強化公司治理，以及持續推動財政金融改革。由於政府與企業競爭力之間彼此相互依賴、環環相扣、交互影響，所

以國家競爭力實際上乃是政府、產業與企業等各個層次競爭力的綜合表現。基於此，我政府相關部門不但應正視競爭力下滑的現象，不忌病諱醫，粉飾太平，更應全面檢討其真正原因，對症下藥，俾能提升我國未來的總體競爭力。

肆、資訊科技與政府治理之辯證關係

如前所述，筆者曾提出了一個關鍵問題，即我國自實施電子化政府迄今，不論是相關資訊科技的應用，或「數位民主」[10]的推動已日趨普及，然而為何近年來在接受不同國際機構的評鑑結果，政府的總體施政績效卻多呈現不進反退的現象？換言之，在政府效能的表現上似未能與推動電子化政府的預期目標相符。因此，在討論資訊科技與政府治理的關係上，擬進一步從下列三個方面加以分析探討，此即(1)在網絡社會與知識經濟時代中，如何正確看待資訊科技應用的範圍及其限制，從而了解資訊科技在政府組織流程之中的意義與重要性；(2)如何透過電子化政府落實民主治理的創新理念，尤其是在制度創新與發展上，以期能夠永保競爭優勢；(3)我國推動電子化政府迄今已屆滿十年，然而近年來在接受國際機構評鑑時，其中有關「政府效能」方面的表現，卻每下愈況、不進反退，其原故亦有深入探討之必要。

首先，就如何正確看待資訊科技應用的範圍及其限制方面而言，John S. Brown與Paul Duguid於2000年所著《資訊革命了什麼？》（*The Social Life of Information*）一書中曾明確指出：

> 從眾人掛在嘴上的「電子疆界」（electronic frontiers）、「地球村」（global village）、「電子木屋」（electronic

10 「數位民主」乃是指使用ICT或所有類型的媒介（如網際網路、互動式廣播）中的CMC，來強化政治民主或公民對民主社會的參與。

> cottages）等名詞裡，我們可以看出來……，資訊時代看似十分講究理性，其實很容易陷入自設的迷思而不自知。當有些人把資訊看成不但有自己的速度，還有自己的生命；另有一些人則認為資訊科技不但能傳送和儲存資訊，更可以不需要人類介入，自行生產資訊。（Brown & Duguid, 2000: 19-21）

基本上，從Brown與Duguid的質疑，一方面說明了如果吾人要打破「資訊萬能」的迷思，就不能過度依賴「6D觀點」[11]，因為「6D觀點」將有可能導致「對於社會變遷的本質，以及這些變遷背後的影響勢力，無法加以正確的理解與判斷」（Brown & Duguid, 2000: 34-37）。另一方面兩氏真正要強調的是，組織的改革必須先從改善「流程」（process）做起，尤其要靠組織中的個人來實現流程，進而賦予流程確切的意義，而「慣例」乃是建立一個有秩序流程、改良流程及協調流程的關鍵，所以更要重視「實務」（practices）（Brown & Duguid, 2000: 101-125）。所以，Brown與Duguid語重心長地表示：「組織運作的真正功臣，乃是非正式隨機而做的實務。」（Brown & Duguid, 2000: 123）簡言之，「若沒有組織優勢，科技優勢將變得毫無意義。」（Blank, 1997: 70）

其實，近年來針對全球化與資訊科技對於國家機關各個層面衝擊問題的討論，組織優勢與科技優勢兩者的關係已受到相當程度的重視。例如，Shabbir G. Cheema即曾歸納下列幾項重點（Cheema, 2005: 152-157）：

1. 從「控制」轉變為「管制」，特別強調課責性和透明度（Shift from control to regulation, with emphasis on accountability and transparency）。

11 此所謂「6D觀點」，係指「去大量化」（demassification）、「去集中化」（decentralization）、「去國家化」（denationalization）、「去專門化」（despecialization）、「去中介化」（disintermediation）、「去集體化」（disaggregation）等。

2.從「內省導向」轉而體認到唯有國家之間相互依賴和互助，方能有效保障公共利益（Shift from inward orientation to protecting the public good）。

3.從「政府」轉變為「治理」，強調民間社會和私部門的角色（Shift from government to governance: Role of civil society and the private sector）。

4.從「發展至上」轉變為「降低跨區域和社會的不平等」（Shift from the focus on growth to the reduction of interregional and social inequalities）。

5.從「國家機關掌控」轉變為「國家機關的角色必須與能力相互搭配」（Shift from state control to matching the role of the state to its capability）。

6.從「傳統能力」轉變為國家機關的能力必須掌握「新技巧」（Shift from the traditional to the new skills for state capacity）。

由此觀之，資訊科技的突飛猛進，固然對全球化帶來推波助瀾的擴散影響，包括行政現代化的發展，但政府本身能否於與時俱進，同步調整其組織結構、人員觀念、政策思維，以及正確應用資訊科技的態度及方法等，才是真正的關鍵所在。例如Cheema所指出的，當「政府行政」轉變為「民主治理」之際，民間社會和私部門是否能夠發揮其應有的角色；或者當「國家機關掌控」轉變為「國家機關的角色必須與能力相互搭配」之際，政府施政與公共政策的作為是否具有相應的調整能力，因此，其影響實遠較單一面向的資訊科技應用要來的深遠得多。

其次，當前如欲透過電子化政府落實民主治理的創新理念，就必須首重持續性的制度創新。這裡所指的制度創新，大致包括資訊制度創新、組織制度創新與公民參與制度創新。(1)所謂資訊制度的創新，主要著重在資訊立法的工作應不斷與時俱進，並明確政府對於資訊管理的範圍、職權、時效，以及本身的責任歸屬。(2)在組織制度的創新上，旨在不斷架構更寬廣、更便捷、更人性化的組織網絡與資訊系統，藉由更靈敏的資訊反應及訊息流通，來處理各項公共事務，以發揮為民服務的績效。(3)至於公民參與制度的創新，則主要著重在政府機關如何透過網際網路的應用，做到資訊公開，進而普及公民參與的機會，降低公民參與的成本，使政策利害關係人能夠獲得有效的調解而互蒙其利。

此外，就電子化政府對政府決策體制的創新來說，它尚具有兩項重要影響。第一、它較能夠打破傳統官僚體制層級節制在行政溝通上的界限，為決策文化及程序塑造出新的觀念與作風。因而，一種屬於開放式的、授權式的與協調式的政府決策文化與程序，將隨著電子資訊科技的日趨發達，而廣為運用。第二、隨著「政府上網」行動的開展，無形之中已開啟了一種多元性公民參與管道和資訊對話的契機，例如近年來「商議式民主」（deliberative democracy）[12]的形成與發展，就是最佳的證明。事實上，就現代政府民主治理的角度觀之，此種具有溝通性的「行政行動」（administrative action）是饒富深意的，因為它有助於民間社會和私部門角色在現代行政體系之中得以充分發揮。所以，誠如時下有不少持多元文化的制度系絡學者的觀點，渠等認為多元文化的制度系絡所重視的，也就是政府與民間社會或私部門之間，具有某種和諧與信任關係的建立及強化（Thompson, Ellis & Wildavsky,1990; Hood, 1998）。

職是之故，吾人若能有效應用資訊科技的條件，並結合參與式政治文化的形塑，不但有助於政策創新與決策的合法性、社會公平正義的追求、政策利害關係人的多元參與，甚至更能增進政府與公民社會的互動、以及國民基本性格與文化素質的培養等，這些既是創造無形公共價值的重要課

12 有關對「商議式民主」（deliberative democracy）的深入解析，參閱Amy Gutman & Dennis Thompson, *Why Deliberative Democracy?* 謝學宗、鄭惠文合譯之《商議民主》一書。

題，也是電子化政府在制度創新上所必須認真思考和踐履的[13]。尤值政府大力倡導國家創新系統管理與政府職能轉變之際，電子化政府的推動無疑是一項重要舉措。然而，近年來我公部門的總體表現卻每下愈況，甚至在網路普及率上已淪為亞洲四小龍之末。此一情況，至少顯示了如何建立和調整資訊科技與政府治理兩者之間的正當關係，已成為愈來愈不容輕忽的課題。

尤有進者，近些年來產學界在討論資訊社會及其對政經社會的影響方面，大致皆圍繞著「社會革命」、「新經濟」、「資訊政治」與「國家衰退」等四項核心議題進行。[14]然經由這些議題的討論，使得不少人對未來的「電子民主」前景，充滿了各種形式不一的樂觀想像，反而容易忽略了它來自於社會整體環境系絡的局限性（管中祥，2001：279- 297；May, 2004）。

第一，社會革命的基本假設是，由於「媒介 / 科技中心」的共同要素，遂使現代科技扮演了引領社會、推陳出新的決定性角色。（McQuail, 2000）甚至有不少人強調，「電子民主」可以取代傳統議會政治、司法體系與大眾媒體的既有功能，並有助於實現直接民主的理想。探究其真正原因，乃是由於以科學與民主為先導的主流文化，例如將建構行政資訊的政策網絡，視為行政現代化的首要考量工作（曹俊漢，2003：xiii），於是一直對理性主義的價值觀念與行為模式有著過度的崇拜，從而對「電子民主」賦予了許多不切實際的想像。實際上，社會革命的假設始終存在著許多爭議，因為「當科技決定論本身標誌出以傳播科技為基礎的深遠改變時，卻簡化了資訊科技的歷史，也忽略了科技發展與社會環境系絡之間複

13 此正如R. A. W. Rhodes所指出的：政府主要責任在於促進社會與政治的互動，以制定更多解決問題的制度，並提供公共服務。

14 Van Dijk曾針對Held所提出的九大民主模式指出，其中只有「法制式民主」、「競爭式民主」、「公民投票式民主」、「多元主義民主」，及「參與式民主」等五種與他本人補充的「自由放任式民主」與ICTs的特殊運用有關。

雜的互動關係」（May, 2004: 16-7）。

由此觀之，當資訊科技取得了革命性的突破與進展之際，社會革命的假設提供吾人的重要反向思考是，「電子民主」真正能夠取代傳統議會政治、司法體系與大眾媒體的既定功能，而有助於實現直接民主的理想？事實上，在一個現代國家中，不論是議會政治、司法體系或大眾媒體，仍在許多不同政策領域各自扮演十分重要的角色，也同樣發揮其「監守」的功能。所以說，在現代多元民主的運作過程裡，「電子民主」的真正價值，主要在於監督政府施政，提升決策透明化、過程民主化與資訊公開化，以避免因參與者同質性過高，所可能導致的政策選擇偏差（Peterson, 2000）。

第二，從廣義角度而言，新經濟主要強調的是以「去中央化」[15]為關鍵，它依序延伸為企業去中央化、人才共享全球化、人才大量客製化，以及委外作業遠近皆宜等林林總總的各項議題。究其本質，它乃是「全球性經濟和資訊網絡的形成，以及所有支撐兩者運作的結構性發展」所使然（Harlow, 2001）。然而，不容忽視的是，「新經濟之中的經濟關係的連續性，乃是依賴資訊與知識所有權成功地擴張為基礎的」（May, 2004: 18- 9）。其中如智慧財產權保障就是最明顯的例證。所以，新經濟的發展結果能否真正做到「去中央化」，在可預見的未來委實不必過於樂觀。畢竟在一個現代資訊社會裡，如何調整與公民社會的關係、如何統理經濟活動、如何控制資訊流通，以及如何轉變政府職能，才是既重要而又無可迴避的課題。

尤值一提的是，既然「新經濟之中的經濟關係的連續性，乃是依賴資訊與知識所有權成功地擴張為基礎的」，那麼從行政院經濟建設委員會於2002年所公布的「知識經濟社會總體指標」觀之，即不難了解知識資本、創新能力、資訊科技應用與知識社會基礎建設等四項指標，乃是完善電子

15 參閱John Naisbitt, *Mind Set! Reset Your Thinking and See the Future*，潘東傑譯（2007），《奈思比11個未來的定見》。台北：天下文化。頁195-221。

化政府的建立及其功能運作的關鍵所在。因為上列四項指標，不但說明了「新經濟的經濟關係連續性」，必須以知識社會為基礎，再不斷追求知識創新與資訊科技應用能力的提升，而且透過政府「授能」（empowerment）關係的確立，使其服務產出與生產力變得更有效率而已。

第三，識者認為，資訊政治的主軸在「政治社群」（political community）的建立與發展，它是一種「擺脫地理環境的限制，使個人可依其殊異的政治旨趣，歸屬於不同的網際社群，且懷抱著不同程度的認同感」（Dyson, 1997: 32-3; May, 2004: 19-20）。所以，資訊政治一方面使得傳統民主的內涵與公民參與模式的性質，起了根本改變，甚至更直接衝擊著政府的功能定位、權力運作型態，以及政府與民間社會的互動方式。另一方面，網際網路雖具有高度外部性、減少資訊不對稱，與降低交易成本等特性，但其無排他性與高度散布性，相對容易產生國家機關的「去中心化」、「去疆界化」、「空洞化」和「虛擬化」，甚至導致民主危機或課責性問題（Huddleston, 2000；Woods and Narlikar, 2001）。

事實上，早在1985年Anthony Giddens就已指出：「現代社會一旦步入『電子社會』，『資訊社會』也就產生了……，而國家預設的監控系統必須得以再生產（reproduction），這包括應用於行政目的的資訊有序化的蒐集、儲存與控制……，這方面較過去而言，已達到更高的程度。」[16]（Giddens, 1985: 219）換言之，當國家在控制資訊流通，或透過各種審查制度進行資訊管制時，其實已將民主的內涵與公民參與模式，引導至其所預期的方向。因此網絡社群的實際影響力，並不如想像中那般的無所不在、無所不能，它須視國家控制資訊的程度而定。尤其是，一旦政府扮演起「公共資訊製造者」的角色或採取以訂頒各種「資訊管制法」的方式來控制資訊時，那麼網絡社群將有可能淪為資訊政治的工具。更弔詭的是，若一旦網際空間

16 關於Anthony Giddens思想的系統性理解，可參閱郭忠華（2006），《安東尼・吉登斯現代性思想研究：解放政治的反思與未來》。北京：中央編譯社。

欠缺國家權威的約束，又將會形成「蓄意的地位歧視，有意識的選擇主流傳播內容，窄化輿論範圍，系統性的侵犯隱私，惡劣而不平等的分配網路公民權和一般公民權的必需品」等畸型現象（Netanel, 2000: 498），這對於一個資訊社會的正常發展而言，無疑是一種嚴重的斲傷。

第四，所謂資訊科技時代的國家機關主權、國家機關的管制能力將會衰退，或者「國家干預的權力已經註定要向資訊傳播科技低頭」等論點，亦有待商榷。May曾說過一段語意深長的話。他說：「由於新經濟對智慧財產權的倚重，因此若欠缺強勢的國家權威，資訊社會的經濟便無法運作。更直截了當的說，唯有模糊法律與權威在社會中的角色，才能宣告資訊時代國家必將遭逢衰退。」（May, 2004: 20-21）究其實質意涵在於，即使在一個資訊科技發達的國家，唯有國家才能夠透過制度性運作去動員廣泛的資源[17]，而且它本身也是資訊主要的使用者、生產者和供應者。由此觀之，就「網絡治理」的角度而言，它正意味著「結合協力式政府所彰顯的高階層的公、私、第三部門合作，整合型政府強韌的網絡管理能力，運用科技將網絡結合，並且賦予公民對於服務傳遞更多選擇等特徵的公共部門新型態」（Commission on Global Governance, U.N., 1995; 孫同文，2005）。

由此可見，當公私夥伴關係逐漸成為一種新的治理模式時，由於其結構本身具有資源的整合性、效能、效率與合法性等優點，儘管資訊科技之日新月異，其關注重點似已非「國家機關主權、國家機關的管制能力」是否會衰退的問題。相反地，而是資訊科技與「網絡治理」之普及，已隨著公私夥伴關係的「多元性」、「相互依賴性」、「正式或非正式制度」，以及「工具性」（Peters, 1998: 301）等特性，而發展成為新的中介和紐帶。

綜上所述，筆者必須指出，儘管近些年來我國在資訊科技應用與電子化政府推動的成果上，有目共睹。然而若以知識資本、創新能力、資訊科

17 此處所稱的資源，若就政策工具的角度視之，它主要包括資訊、財政、強制性權威，及組織的資源等。

技應用與知識社會基礎建設等四方面，與其他國家相比較，則不難發現卻有不進反退、每下愈況的現象。尤其是，本文針對「社會革命」、「新經濟」、「資訊政治」與「國家衰退」等議題探討之後，須進一步強調對於電子化政府切勿流於某些不切實際的想法，因為資訊科技的應用充其量只是提供在資訊流通、議題設定、減少干預，以及回應民意上的便捷而已，它絕非萬能的。

那麼，對於現代政府來說什麼才是最重要的事務？「世界經濟論壇」首席經濟顧問Lopez-Claros指出：台灣在政府公部門效能、政策赤字及貪污方面皆有待改善。無疑地，這正說明了近年來台灣在整體表現上不進反退的關鍵所在。設想在一個公部門效能不彰、政策赤字年年增加，以及貪污事件層出不窮的國度裡，僅賴電子化政府的推動能夠解決問題？由此可見，如何改善國家政策環境，如何做到政策的一致性，及如何秉持誠信原則落實責任政治，掃除人民的疏離感與不確定感，才是根本之計。否則長此以往，不但會嚴重影響國家的聲譽、形象和整體競爭力，而且會造成社會對政府的信任與信賴的匱乏，從而更加速地流失賴以維繫的立國根本──社會資本[18]。

伍、結論與建議

基本上，筆者認為既然電子化政府的發展，已是全球大勢所趨，那麼就應當一方面要格外重視國際機構的各類評比結果，抱著哀矜勿喜的態度，去面對問題，實事求是的解決問題。另一方面也要洞悉資訊社會的特

18 有關社會資本對於現代國家民主治理與公民參與的重要性，參閱史美強、蔡智雄（2005），〈再造公部門之社群：社會資本觀點〉，《T & D飛訊》，第31期；另參閱王漢國（2004），〈社會資本、民主治理與公民參與網絡：民主政策科學途徑之思考與論證〉，《佛光人文社會學刊》，第6期。

質，以及它與社會整體環境系絡的密切關係，如此才能真正達到電子化政府所追求的目標。簡言之，任何對於「電子民主」的迷思，或一廂情願式的樂觀憧憬，都是不切實際的。因為，資訊科技與民主治理的關係，既是相輔相成，也是互為約制的；兩者之間存在著一種辯證性與協作性的互動關係。

展望未來我國電子化政府的發展，其中有關於政府內部因素固須重視，外部因素的回應也愈來愈重要。第一，所謂政府內部因素，包括軟體與硬體兩方面。軟體方面通常是指上網的基礎設備，譬如主機數、電腦數、區網數；這一方面由於政府近年來大力推動「上網基礎建設」，可說已建構了相當不錯的條件。例如，從美國布朗大學公共政策研究中心於2008年8月22日公布最新之全球電子化政府調查評比報告，台灣電子化政府為全球第二名，較去年提升一名，顯示促進政府資訊公開效益，已受到國際肯定。這項調查是在2009年6至7月進行，評比全球一百九十八國、一千六百六十七個機關網站；評比內容為中央政府網站內容、安全與隱私、電子交易或付款、無障礙存取、外語網頁、廣告及收費、擴大民眾參與及線上服務等項目。其中，台灣政府網站在提供政府出版品、隱私權宣告、資訊安全政策宣告、提供外國語言網站項目上獲得評比滿分。另在線上服務、資料庫存取、無障礙存取及意見反應等項目評比，成績也大幅提升。

另為進一步提供民眾更優質的網路服務，行政院已核定，將協調中央與地方各級政府機關推動電子化政府第三階段計畫，時程自2008年至2011年。第三階段計畫將以「增進公共服務價值，促進社會信賴與聯結」為願景，朝「發展主動服務，創造優質生活」、「普及資訊服務，增進社會關懷」及「強化網路互動，擴大公民參與」等三大目標邁進，希望進一步提升行政效率，讓民眾享用更優質的創新服務（news.epochtimes.com/b5/8/8/22/n2237585.htm）。

至於在軟體方面，由於涉及公務人員資訊能力的提升，如資訊技能的素養，與認知及評估解決問題的能力等。相對而言，軟體方面的評比難度較高，因為它涉及公務人員在使用資訊科技上的認知程度、心態正確與否，以及本身的學習能力與接受度。所以，政府網站的設置，最重要的尚不在硬體建置的規模與成本，而是在背後人員參與、設施可親性及回應民意態度等實際問題。

誠然，未來電子化政府的推動，除應賡續投資各種硬體設備，以應建構資訊化社會發展的條件外，尤應重視各級政府人員的教育與訓練，因為軟體能力的提升或軟體功能的強化，才是保持國際競爭優勢的關鍵所在。而事實上，在致力於追求全民「智慧型政府」之際（吳榮義、楊家彥，民93：211-240；陳怡之，民93：183-210），政府的當務之舉就在於如何加強各級人員的培訓，從觀念認知到實務操作，期能切實符合創新、服務及發展之總體要求，使得政府所建置的「創新型服務平台」，能夠發揮其應有效能。

第二，在政府外部因素方面，主要講求政府與民眾的互動、國際化的接軌，以及服務現代化與管理知識化的實踐。(1)政府與民眾的互動，即要求未來我國電子化政府的發展，不論在提供民眾便捷的線上申辦服務、資訊取用、無障礙網諮空間、雙語網站各方面都應持續保持領先。更重要的是，要能透過資訊網路系統，將政府機關、民眾及資訊系統連結起來，以即時性互動系統，使得政府資訊的獲得更便捷，民眾服務的功能更精進，以落實「服務現代化」的政策目標。(2)在我國與國際接軌程度上有兩項指標：一為國家網頁英文版的設置；一為網頁多語化的建構。例如，從近年來美國布朗大學對全球電子化政府程度的評比，上述兩項指標一直被列為評比要項。究其著眼，無非在了解世界各國電子化政府發展的「國際化」程度，我國亦不例外。換言之，當全球超過八成的國家設有英文版網頁，有近五成的國家採多語網頁時，我們的視野必須擴及全球，進而真正做到「管理知識化」的要求。所以說，與國際接軌的重要政策意涵，不僅在於從國際上獲得多少寶貴的訊息，而且也要為國際閱眾提供本身所擁有的即時資訊，而語文正是重要而不可或缺的溝通工具。

最後，必須強調的是，「民主治理」既然強調網絡的功能，對於網絡的建構與管理，政府之責主要在於可測量的績效標的、參與夥伴責任清楚，資訊流暢等情況下達成公共目標，所採取的一系列有意圖的策略和行動。（Goldsmith and Eggers, 2004: 8）明乎此，本文所提出的關鍵問題似可從資訊科技與民主治理兩者的辯證關係之中，找到答案。歸結言之，資訊科技的應用與電子化政府推動的成功與否，實有賴於良好的政策環境、明確的政策目標、一貫的政策作為，及持續的政策評估，蓋政策乃是推動國家進步的基石。由此觀之，我國在推動電子化政府或落實民主治理方面，尚有諸多待努力者，畢竟國際社會之間的競爭是無日或已、也是愈來愈激烈的。

參考書目

中文部分

王洪杰、尹華（2006），〈電子政府成功發展的關鍵因素分析〉，《長春師範學院學報》（自然科學版），第25卷，第2期。

王漢國（2004.9.20），〈以創作、服務及發展推動電子化政府〉，《青年日報》社論，2版。

---------（2004），〈社會資本、民主治理與公民參與網絡：民主政策科學途徑之思考與論證〉，《佛光人文社會學刊》，第6期。

《中國時報》（2006.9.27），〈台灣競爭力大退 第八→第十三〉，B1版。

史美強、蔡智雄（2005），〈再造公部門之社群：社會資本觀點〉，《T & D飛訊》，第31期。

朱國瑋等（2006），〈電子政府用戶滿意度測評研究〉，《科研管理》，第27卷，第5期。

李招忠（2005.1），〈電子政府研究綜述〉，《圖書與情報》。

宋鍾亮（2002.1），〈電子政府及其對公共行政的影響〉，《湖北社會科學》。

宋餘俠等（2004），〈知識政府的特質〉，林嘉誠 編，《知識型政府》，行政院研考會。

林嘉誠編（2004），《知識型政府》，行政院研考會，。

高瞻（2002），〈世界電子政府現狀〉，《國際資料信息》，第3期。

黃東益、陳敦源（2004），〈電子化政府與商議民主之實〉，《台灣民主季刊》，第1卷，第4期。

項靖（1999），〈理想與現實：地方政府網路公共論壇與民主行政之實踐〉，發表於《民主行政與政府再造》學術研討會。台北：世新大學。

孫同文（2005），〈全球化與治理：政府角色與功能的轉變〉，《國家菁英》季刊，第1卷，第4期。

葉俊榮（1998），〈邁向「電子化政府」：資訊公開與行政程序的挑戰〉，《經社法制論叢》，第20期。

管中祥（2001），〈從「資訊控制」觀點反思「電子化政府」的樂觀迷思〉，《資訊社會研究（1）》。

張世杰、蕭元哲、林寶安（2004），〈資訊科技與電子化政府治理能力〉，《政治與資訊科技》。台北：揚智文化。

郭忠華（2006），《安東尼・吉登斯現代性思想研究：解放政治的反思與未來》。北京：中央編譯社。

曹俊漢（2003），《行政現代化的迷思：全球化下台灣行政發展面臨的挑戰》。台北：韋伯文化。

臧乃康（2005），〈政府績效評估與電子政府契合簡論〉，《政治與法律》，第3期。

譚英俊（2003），〈論電子政府的民主精神〉，《湖北行政學院學報》，第3期。

嚴中華、米加寧（2004），〈關於電子政府信任模式的理論研究〉，《技術經濟與管理研究》，第1期。

劉漢榆、江怡伶（2007），〈從國家競爭力探討我國的競爭力驅動因素〉，《競爭力評論》，第9期。

中譯部分

Barzelay, Michael. *Breaking Through Bureaucracy: A New Vision for Managing in Government*, 孔憲遂等 譯（2002），《突破官僚制：政府管理的新願景》，北京：中國人民大學出版社。

Brown, John S. and Paul Duguid, *The Social Life of Information*，顧淑馨 譯（2001），《資訊革命了什麼？》。台北：先覺出版。

Giddens, A. (1998） *The Nation-State and Violence*, 胡宗澤等 譯，《民族 國家與暴力》。北京：三聯書局。

Gutman , Amy and Dennis Thompson, *Why Deliberative Democracy?* 謝學宗、鄭惠文 譯（2006），《商議民主》。台北：智勝文化。

May, Christopher, *The Information Society: A Sceptical View*，葉欣怡 譯（2004）。台北：韋伯文化。

McQuail, D.(2000） *McQuail's Mass Communication Theory* ，陳芸芸 譯，《最新大眾傳播理論》，台北：韋伯文化。

Morris, Duck (1999）, *Vote.com.* 張志偉 譯，《網路民主》。台北：商周出版社。

Naisbitt, John, *Mind Set! Reset Your Thinking and See the Future*，潘東傑 譯（2007），《奈思比11個未來的定見》。台北：天下文化。

Thurow, Lester C. *Fortune Favors the Bold: What We Must Do to Build a New and Lasting Global Prosperity*，蘇育琪等 譯（2003），《勇者致富》。台北：天下文化。

西文部分

Ballamy, Christin (1998). *Governing in the Information Age*, Buckingham: Open University Press。

Barzelay, Michael and Linda Kaboolian, (Fall 1990). "Structural Metaphors and Public Management Education", *Journal of Policy Analysis and Management*.

Bell, Daniel (1974). *The Coming of Post-Industrial Society*, London: Heinemenn Educational.

Blank, S. J. (1997). "Preparing for the Next War: Reflections on the Revolution in Military Affairs", in J. Arquilla and D. Ronfeldt (eds.), *In Athena's Camp: Pre- paring for Conflict in the Information Age*, Santa Monica: RAND.

Brin, David (1998). *The Transparent Society: Will Technology Force Us to*

Choose between Privacy and Freedom? Reading, Mass.: Addison-Wesley.

Burk, Mike (2002).“Knowledge Sharing Success Story: Rumble Strips Government- to-Government Community of Practice”, *The Journal of the Knowledge and Innovation Management Professional Society*, 1, (December 2002) available from: http://www.kmpro.org/journal/Archive_industry_ focus.cfm.

Castells, Manuel (1996). *The Rise of Network Society*, Vol.1 of The Information Age: Economy, Society and Culture, Oxford: Blackwell.

Cheema, Shabbir G. (2005). *Building Democratic Institutions: Governance Reform in Developing Countries*, Bloomfield, CT: Kumarian Press.

Dijk, Jan Van (1999). *The Network Society*, London: Sage Publications, Inc.

Dyson, E. (1997). *Release 2.0: A Design for Living in the Digital Age*, London: Viking.

Giddens, Anthony (1990). *The Consequences of Modernity*, Stanford, CA: Stanford University Press.

Goldsmith, Stephen and William D. Eggers （2004）. *Governing by Network: The New Shape of the Public Sector*, Washington, D.C.: Brookings Institution Press.

Harlow, Carol R. (2001). Introduction, *International Review of Administrative Sciences*, 67(3): 389-414.

Hood, Christopher C. (1986). *The Tools of Government*, Chatham: Chatham House.

---------, (1998). *The Art of the State: Culture, Rhetoric and Public Management*, Oxford: Clarendon.

Howlett, Michael (1991). “Policy Instruments, Policy Styles and Policy Implemen- tation: National Approaches to Theories of Instrument Choice”, *Policy Studies Journal*, 19(2): 1-21.

Huddleston, Mark W. (2000). Onto the darkling Plain: Globalization and the American public service in the Twenty-first century, *Journal of Public Administration Research and Theory*, 10(4): 665-684.

Jones, Steven G.ed (1995). *Cybersociety: Computer Mediated Communication and Community*, Thousand Oaks,CA.: Sage Publications.

Margetts, Helen (1995).“The Automated State”, *Public Policy and Administration*, 10(2): 88-103.

Messner, Dirk (1997). *The Network Society: Economic Development and International Competitiveness as Problems of Social Governance*, London: Frank Cass Publishers.

Netanel, N. W. (2000). “Cyberspace Self-Governance: A Skeptical View from Liberal Democratic Theory”, *California Law Review*, 88(2): 395- 498.

Peters, B. Guy (1998). “Managing Horizontal Government: The Politics of Coordi- nation”, *Public Administration*, 76: 295-311.

---------, (2000).“Policy Instruments and Public Management: Bridging the Gaps”, *Journal of Public Administration Research and Theory*, 10(1): 35- 45.

Peterson, Mark A.（2000）. The fate of ‘big government’ in the United States: Not over, but undermined? *Governance: An International Journal of Policy and Admini- stration*, 13(2): 251-264.

Porter, D.(1997). *Internet Culture*, New York: Routledge.

Rhodes, R.A.W. (1997). *Understanding Governance: Policy Networks, Governance, Reflexivity and Accountability*, Buckingham: Open University Press.

Thompson, Michael. R. Ellis and A. Wildavsky (1990). *Cultural Theory*, Boulder, Colo.: Westview.

Wildavsky, Arron (1983). “Information as An Organization Problem”, *Journal of Management Studies*, 20(1): 29-40.

Wirtz, Ronald A. (2001).“Iceberg and Government Productivity”, *The Region*, 15 (2): 16-19;42-45.

Woods, Ngaire and Amrita Narlikar (2001). Governance and the limits of account- ability: The WTO, the IMF, and the World Bank, *International Social Science Journal*, 170: 569-583.

網路資料

行政院NII小組 （1998）《中華民國國家資訊通信基本建設推動方案》，http://www.nii.gov.tw/status/proposal.html

行政院研考會 （1999）《全面發展電子化政府 提升效率與服務品質》，http://www.redc.gov.tw/elecgov/report/

2005/2006年WEF世界經濟論壇評鑑報告
http://twbusiness.nat.gov.tw/asp/superior4.asp

2005/2006年IMD世界競爭力評鑑報告
http://twbusiness.nat.gov.tw/asp/superior7.asp#表3

布朗大學2006年電子化政府評鑑結果
http://www.insidepolitics.org/policyreports.html

布朗大學2008年電子化政府評鑑結果
http://www. news.epochtimes.com/b5/8/8/22/n2237585.htm

資料訊息權www.hkhrc.org.hk/content/features/handbook/ch9.doc.

IMD, “The World Competitiveness Scoreboard 2002”, in *World Competitiveness Yearbook 2003.* http://www02.imd.ch/documents/wcy/content/ranking.pdf

第八章　電子化政府與全觀型治理

許文傑　佛光大學公共事務學系助理教授

壹、緒 論

「政府」（government）這個字的意義，在概念上可以指涉兩個不同的對象，第一，它是代表國家行使主權的個體，運用公權力實施對其國民的統治、管制與服務，因此指涉的是一個具有不可分割主權象徵的體制、機關；但是，政府概念也包含許多不同分化的組織、單位，垂直面向有中央與地方之層級劃分，水平面向則有各種依功能、地區、程序之需要所進行的部門劃分，因此第二種所指社的政府，則是各個不同性質、層級、地區別的機關，例如，業務執掌不同的內政部、教育部、交通部，層級不同的中央政府、縣市政府、鄉鎮市公所，地區別的北區國稅局、南區國稅局等。

然而，不論是垂直或水平的劃分，經常出現一個長久以來組織設計上的一個問題，即組織分化後所造成本位主義、步調不一致、目標衝突的現象。組織分化可以分為專業分工與工作特殊化兩個主要面向，專業分工源自Max Weber理想型官僚組織模型的建構，希望以專業能力提升服務的品質；工作特殊化源自Taylor以重複性、機械性工作流程達到最大效率化，或是依地區、服務對象劃分而形成的組織區隔。無論是Weber或Taylor的原始出發點都沒有錯，即使在組織管理實務上有許多對專業化所造成的不良後果有所批判，但是任何組織設計上似乎難以避免組織分化的必然性。如果部門劃分是必然趨勢，同時又必須解決部門劃分所造成的不良後果，所面對的問題似乎不在於組織應否分化，或是以什麼標準來進行部門劃分較適當，而是如何找尋其他工具、途徑來解決問題。

英國學者Perri 6對於政府組織分部化所造成治理上的現象，稱之為「零碎化政府」（fragmented government），並且提出以「全觀型治理」與「全觀型政府」的整全性架構來解決政府組織分部化所產生的困境，於是分別在1997、1999、2002年先後出版三本書來論述全觀型政府與治理的概念途徑，又在2004年以《電子化治理》（*E-governance*）一書作為實踐全觀型治理的重要工具。

國內公共行政學領域有關電子化政府的著作，多半論述電子化科技有助於政府對人民的服務輸送功能，或者資訊化所帶來對組織績效與行政人員的影響，但是對於組織結構的變化與影響的研究並不多。筆者雖然認為電子化政府對於組織結構的影響是一個相當重要的議題，但是這樣的議題並無法以一篇短文就能夠完整的討論，本文只希望藉由全觀型治理的概念架構，重新提醒學界對於政府組織問題的研究興趣，同時也能夠提供電子化政府的理論建構基礎與討論的面向。

貳、公共治理及其挑戰

一、治理與地方治理

傳統公共行政概念近二、三十年來，受到各種理論的激盪與現實環境的變遷，在二十一世紀已有了重大的轉變，包括「公共管理」（public management）挑戰「公共行政」（public administration）的概念、「治理」（governance）挑戰傳統的「政府」（government）與「統治」（governing）的概念，其中，尤其是以「治理」此一名詞與概念的影響最大，不僅涵蓋了過去公共行政所探討的靜態與動態面，更擴大了公共行政學的研究面向。

簡單的來說，所謂「治理」，是指政府為解決社會問題或是謀求國家未來長期發展的需求，基於權責相稱原則整合各公私部門行動，以達成共同目標的運作模式（呂育誠，2006：379）。這一套運行的模式包含了國家與社會各層面的共識價值、制度與關係網絡，以及分散式的權力結構，經由彼此的互動、合作與信任的治理基礎來達成公共利益（許文傑，2003）。治理概念可以進一步從靜態的「結構」與動態的「過程」二個面向來分析，治理視為一種「結構」，乃是假定各種不同的政治、經濟制度都是被創設出來的結構，要做好治理的工作，就是要妥善選擇與規劃其結構的因素。回顧政府結構發展的歷史，基本上可以區分為四種結構模式（謝宗學等譯，2002：18-27）：

1.科層體制：強調依法而治的必要性，國家被視為集體利益的縮影。然而，在現代的實際運作中，科層體制確有其不足以符合時代需要之慮，但是也難以完全捨棄。
2.市場模式：假定公民也像消費者一樣，賦予選擇權，而市場就是一種資源配置的機制，也可以視為經濟行動者交易的場域。
3.網絡模式：政策網絡是由廣泛而多樣的行動者，如政府機關、利益團體所組合而成的特定政策陣線（policy sector），使關係密切的政策社群連結成為單一議題的聯盟，因而使公私部門間的利益及資源整合更為容易，進而強化公共政策執行的效率。
4.社群模式：由於國家過於龐大且官僚化，無法做好治理的工作，因此主張由非政府部門來參與公共事務。

這四種治理結構各自有其特性與功能，一個國家或地方依其特性與需要，可以發展或選擇不同的治理模式，並整合相關的條件因素，以達到治理的目標。

將治理視為一種「過程」，則是假定治理乃是社會與政治行動者的一種動態結果，因此必須關注治理的動態過程，關注的重點在「領控」（steering）與「協調」（coordinating）這兩項工作上（謝宗學等譯，2002：28-29）。相對於過去，政府習慣於科層體制的治理結構、以「統治」（governing）來陳述其運作的過程，並以權威作為統治的手段與工具，而治理顯然較強調彈性、多元的治理方式，同時治理的過程也不再完全依賴權威為唯一手段，政府只扮演引導及協調的角色，來整合治理結構中的要素。影響治理的要素包括治理的環境、顧客、組織目標、組織結構、管理，這些要素經過有效的整合與運作則產生結果，這些要素的結果可以簡化為O=f（E, C, T, S, M）的公式（呂育誠，2006：380）：

O：outputs/outcomes，個人或組織的產出或結果

E：environmental factors，環境因素

C：client characteristics，顧客特質

T：treatments，組織運作過程或工作推動所建立的目標、採用的途徑

S：structures，組織結構

M：managerial roles and actions，管理角色與行動

公共行政的內涵除了結構面與運作面產生了變化，另外受到新公共管理主義、全球化思潮的影響，傳統政府的職能也受到挑戰，使得政府的權威與職能逐漸朝三個方向移轉：向上（upward）移轉至國際行動者與組織，向下（downward）移轉至區域、城市與社區，向外（outward）轉移至非政府組織，此一趨勢的影響之下，顯示傳統公共行政必須更注重超越國家層次的國際組織、政府之外的非營利組織、以及地方性組織。（謝宗學等譯，2002：90-109）過去，公共行政多探討有關全國性的中央政府，地方政府只視為中央政府的分枝或是微型的公共行政（呂育誠，2006：47），只要做好中央的公共行政，地方政府的運作自然水到渠成。地方政府雖然在治理範圍上不如全國性的中央政府之廣，然而治理所涉及各個專業部門幾乎完全與中央政府各部會相呼應，如果中央政府各部會之間經常因為專業領域的差異造成溝通與協調上的困難，那麼又如何期待地方政府各局室之間能夠取得行動一致？雖然各單位可能在同一棟行政大樓、在縣市首長的指揮之下，但是各自所依循的中央與地方法規、專業執掌，都可能形成政策目標與執行手段的扞格。更甚者，地方的殊異性也經常造成各地方政府或部門之間在政策執行上的困境。

二、面對地方發展的議題

隨著治理在近年來受到關注，「地方治理」的議題也水漲船高地受到矚目，且其所面對的問題比起一般的治理更加複雜，包括所謂地方民主、地方政府管理、府際關係、區域治理、地方發展等[1]。其中尤以地方發展對於縣市首長而言是首要迫切的施政課題，但是發展策略經常必須結合數個不同的業務部門與差異性極大的專業領域，如何將不同屬性的組織與專業加以整合，以及結合數個不同部門與專業後須面對主從角色的問題。

以宜蘭縣的地方發展議題為例，宜蘭縣從1981年到2005年歷經三位縣長的執政，分別發展出觀光、環保、文化、資訊（科技）等四項施政主軸，作為宜蘭縣的地方發展策略，然而上述四項發展策略在目標與手段上有衝突對立者（環保與科技），有競爭者（如觀光與文化），在實際施政作為上，的確面臨行動整合上的困境。例如，舉辦國際童玩藝術節活動，究竟應以文化藝術活動為主，其他包括觀光、交通等業務單位協助，或是以觀光活動為主體，而以文化業務單位協辦？其次在工作的調配上，各單位之間如何進行協調與整合？

三、棘手問題的處理

地方政府雖然是微型的中央政府，但是中央設立各專責部會機關規劃有關治理的議題，地方則必須在中央的指揮與監督下執行各項政策，另一方面又必須因應地方的殊異性而作不同的考量，對於地方首長而言，更要面對地方本身的發展需求。簡言之，地方治理必須面對的是需求多元、議題複雜、參與者眾的「棘手問題」（wicked problems）。所謂「棘手問

1 地方治理等議題受到重視可以從近年來各大學陸續舉辦過各個地方專題的學術研討會看出，例如，佛光大學舉辦過五屆「地方發展策略學術研討會」、玄奘大學舉辦過二屆「地方治理與城鄉發展學術研討會」、東華大學舉辦過「經濟全球化與兩岸地方治理論壇」。

題」或「棘手議題」（wicked issues）乃是指「跨越數個部門界線，非單一部門可以獨力解決的問題」（6et al., 2002:34）。所有的棘手問題幾乎都具有幾項共同特質：問題涉及多面向；無法以單一層級政府獲得解決；在地方層次，問題涉及許多部門與機關；問題難以歸入既有的組織部門結構中；需要長時間的處理，並且其影響通常會過一段較長時間才會顯現（Leach & Percy-Smith, 2001:186-187）。

政府機關除了例行性的事務可以依照舊有習慣或模式獲得解決外，許多困擾著執政者的問題多半是屬於棘手的，此更常見於公共政策所要處理的問題。政策分析學者W. Dunn指出，政策問題（policy problems）有結構良好（well-structured）、結構適中（moderately structured）、與結構不良（ill-structured）三種問題類型，大部分的公共政策問題多半屬於結構不良者，其特性為：涉及數個決策者、有多項解決方案待選、面對價值上的衝突、結果未知、完全無法計算問題發生的機率等，此種問題類型相當複雜，因此常造成決策上的困難（Dunn, 1994:145-147）。 Leach與Collinge認為，棘手問題常常是由於原因不明、目標不易釐清、手段與結果難以確認等因素所致，他的存在常常造成組織在擬訂策略或政策目標上的困難（Leach & Collinge:1998）。

公共行政內涵面對「治理」概念的影響，產生重大的轉變與修正，地方治理更面臨治理本質上的挑戰、地方發展議題的壓力，以及各種棘手問題的考驗。因此，勢必要以更長遠的眼光、全方位的視野，才能做好地方治理的工作。

叁、全觀型治理的意涵

由於現代地方政府必須同時面對全球化問題、地方發展的需求性、及各項快速變遷所帶來應接不暇的棘手問題之考驗，需要一個整合性、預防性與有效的地方治理機制，方能迎接諸多挑戰。英國學者Perri 6等學者提出「全觀型政府」（holistic government）、「全觀型治理」（holistic governance）的概念架構，並自1997、1999、2002年分別出版三本專書[2]，逐步建構其理想的政府治理模式，希望營造二十一世紀政府成為預防性、整合性、改變文化、結果取向的政府，並且能夠跨越政府層級、部會功能分裂的差距，提供人民更好的服務（彭錦鵬，2003）。

全觀型政府理念的提出，在1997年英國大選工黨獲勝後受到布萊爾首相的重視，朝全觀型政府型態的改革方向，例如，推動中央與地方的夥伴關係，將過去著重機關內部服務改革，轉移到著重機關間夥伴關係（inter-agency working or partnership）的建立，以提供人民更好的服務（朱鎮明，2004）。以下介紹全觀型治理的基本概念，以及對於公共治理的影響。

一、零碎化政府（fragmented government）的困境

二十一世紀的中央或地方層級的政府，面臨治理上的難題、地方發展需求以及各種棘手問題的挑戰，是否能在既有的政府治理模式或組織結構中獲得有效解決？我們先來看既有的政府治理結構與運作模式，傳統政府組織型態受到理性主義、專業主義的影響，朝向以專業分工原則進行設計，其目的希望在目標與手段一致的基礎上提升工作效率。組織經由功能性、地區性等各種方式的劃分後形成各個不同的部門，部門之內的工作團隊專業背景類似，使用工具、語言都有高度的一致性，因此容易達成最大效率的產出；但是，不同部門之間由於專業屬性差異，目標、手段、認知都可能彼此互異，無論在行動或是溝通上都可能出現障礙，而當一個組織內存在許多不同專業屬性的部門，但卻又必須在整個組織的一致目標前提下協力合作，就會出現步調不一致與實務運作上的困難，經常出現的問題

2 這三本書分別是《全觀型政府》、《圓桌中的治理——全觀型政府的策略》、《邁向全觀型治理》。

如下（6 et al., 2002: 37-39）：

1.某一部門的問題或成本來自另一機關所造成。（以鄰為壑）
2.各部門所規劃或推動的計畫之間相互衝突。
3.重複利用資源處理同一事情。
4.各部門所設定的目標彼此衝突。
5.事情跨不同部門，但卻因為未能接續適時處理，造成結果不佳。
6.某一部門排除其他部門參與，以致未能有效解決民眾需求。
7.部門間分工過細，民眾不知如何取得協助。
8.沒有弄清棘手問題的根本原因，造成提供的服務與現實需求脫節。

造成上述現象的原因未必是組織設計者所能預期或有意造成，可能是行政人員的無心、「善意」（benign）所造成，也可能是某些人為了自利而不顧一切地「惡意」（malign）造成。這些善意的因素可能如下（6 et al.,2002:40-41；韓保中，2005）：

1.組織常為了管理上的方便，將管理的重心與預算支出的控制放在輸入部分，但是由於斤斤計較於個別項目的管制，卻反而對整體績效無從評估。
2.由於強調政府的廉節，要求政府行政管理過程要透明化以防止貪腐，因此必須將政府運作流程切割成許多細小的單元，以便於監控，造成見樹不見林的盲點。
3.強調消費者導向的政府，為了因應、滿足個別顧客的需求，不顧政府運作的整體制度與標準，導致整體政策目標失焦。例如，地方首長常透過「縣民有約時間」接受民眾直接陳情，為了選票考量而給予陳情民眾個案式的特許，造成業務主管部門對相關政策執行上的困難。
4.功能性組織的策略性決策，各功能性部門為了有效推動政策而擬定一套執行策略，但是未能考慮其他部門的相互配合問題，導致零碎化治理的現象。

5.民主壓力，由於民意的壓力下，促使政府必須不斷提供更多元的服務，行政作為缺乏整體考量造成政府資源的錯置與浪費。例如，政府為了因應選舉的考量，花費大筆金錢設置故宮南部分院，以及在多處設置機場。

同樣地，有些因素則是因為某些人的自利考量所造成的，這些因素有（6 et al., 2002: 42-43）：

1.政客為了有效控制機關首長與行政人員，刻意將組織進行功能性的分割，使其容易對人事與財務上下其手。

2.專業壟斷，專業人員為了發揮其專業影響力與自主性，盡量爭取設立專業部門，以壟斷特有的地盤。

3.高階文官長為了掌握自身利益與地盤，並且擴大控制幅度，依賴其資深與影響力，要求設置若干功能性部門，而成為私人的專業王國。

簡言之，組織的功能分部化所造成的諸多問題與現象，從民眾的角度看來，就是政府缺乏整體一致的意象，而是呈現分立、片段、零碎的各個不同業務執掌、個別組織體，可以說就是一種「零碎化政府」。掌管全國事務的中央政府部會如此，第一線與民眾接觸的地方政府亦然，所提供的公共服務處處顯現局限性、本位主義思考，難怪得不到民眾的信賴與肯定。

二、全觀型治理的概念架構

各級政府治理所面對的各種跨領域、跨組織的棘手問題，如果從單一的專業領域、單一機關職掌來處理，常形成見樹不見林及本位主義的狹隘觀點，所提出的解決方案也常是頭痛醫頭、腳痛醫腳的止痛劑而已，完全無助於根本問題的解決。

功能性分工所形成零碎化的問題不只在政府組織中出現，各種類型的組織只要有分化必然會出現上述負面現象。對此，Peter Senge在論述學習型組織時即曾提出以「系統性思考」（systematic thinking）來解決常出現的見樹不見林的問題，系統性思考也是在所有組織學習策略中最重要的「第五項修練」；在《第五項修練》（*The Fifth Discipline*）中，Senge指出，組織學習的障礙常來自於局部性思考、看小不看大、歸罪於外的習慣，而失去組織改革的機會與動力，唯有透過系統性思考才能了解各種社會現象與整體問題的動態複雜性、以及環環相扣的因果關係，進而針對問題採取適當的行動策略（郭進隆 譯，1994）。

現代政府必然要面對棘手的政策問題與需求，但是在功能性分工所造成零碎化的組織結構下，勢必無法有效處理，組織理論常以任務編組、柵欄組織等跨部門的整合性組織型態，來彌平零碎化的缺陷，或者以彈性、非結構性的組織型態取代傳統的組織結構（如變形蟲組織、扁平化組織），但是對於上述形成零碎化的無心或有意的原因，卻未能根本解決。這些根本性的原因乃是官僚性組織難以避免的現實，導致形成組織分化必然的趨勢，其所以出現問題乃是因為沒有將各個分化的部門單位整合在一個目標之下，或是缺乏協調機制將各個功能性策略形成一致性的行動。

換言之，要解決政府組織零碎化所造成的問題，並不是在表面上去打破政府的既有結構，或是改變長久以來組織分化的基本原則， 而是如何在既有的組織結構上建立協調與整合的連結性機制，將零碎化修補起來，這也就是全觀型政府所要達成的目標。

政府零碎化所表現在靜態的組織結構呈現分化的狀態，以及治理運作的各種公共政策、法規、提供的服務、績效評估系統上出現各自為政的現象，因此，全觀型治理要整合的對象包括兩方面：其一，就組織結構面，進行組織層級間、組織內部分工、及公私夥伴關係的整合；其次，就政府運作面，將政策、法規、服務、監督四項治理功能進行整合。

全觀型治理針對組織結構面的整合面向如下，並以**圖8-1**表示之（6 et al., 2002:29；彭錦鵬，2003）：

1.治理層級的整合（integration between different tiers）：從地方、區域到國家與全球，包括全球與國家層級的整合、中央與地方機關的整合、全球層級內組織的整合。

2.治理功能的整合（coordination within functions）：為了使各不同部會（部門）之間產生協同一致行動，進行機關內功能性部門之整合。

3.公私部門的整合（integration within the public sector, between public authorities and voluntary bodies）：政府機關採委外、民營化、行政

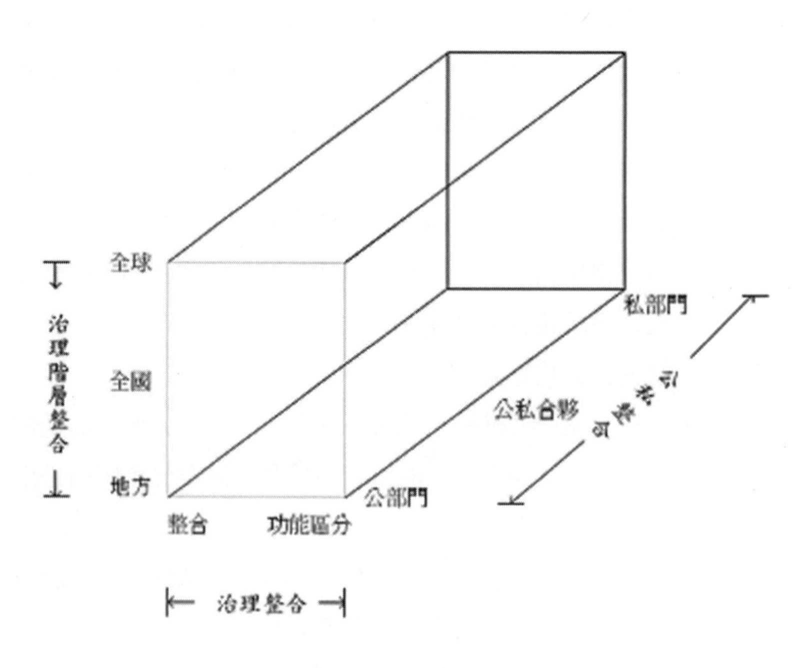

圖8-1 全觀型治理組織結構面的整合

資料來源：彭錦鵬，2003。

法人等方式，與非營利組織或私部門接軌，產生公私合夥的合作關係。

其次，全觀型治理想要整合政府動態面的四項治理功能：（6et al., 2002:28）

1.政策（policy）：政策形成過程、政策內容及執行過程中的監測。
2.管制（regulation）：管制的組織、內容及其影響。
3.服務提供（service provision）：提供服務的組織、內容及其影響。
4.監督（scrutiny）：對於政策、管制、提供服務的評估、監測與績效品評。

Perri 6以全觀型治理在進行「協調」（coordination）與「整合」（integration）二項策略途徑上與其他政府型態的差異，進一步說明全觀型治理的內涵。首先，任何組織在運作時都必須思考兩個問題：目標與手段。不同部門、部會或機關的目標可能出現衝突、一致、或是相互增強三種情況；各部門試圖達成目標的手段或政策工具之間，可能出現彼此高度合作、或是適度的分工與平衡，也可能出現組織重疊、衝突甚至相互競爭。不同整合程度的目標與手段，經過交叉後形成五種政府型態的關係（**圖8-2**）（6 et al., 2002: 31-33）：

1.諸侯型政府（baronial government）：由於缺乏上層政府的統合治理，各單位之間具有不同的政策目標，各自達成目標的政策工具或手段也有極大差異，各個部門猶如占據封地的諸侯一般，形成各自為政的分立狀態。
2.零碎型政府（fragmented government）：雖然在共同的目標統合及整體遠景架構下，但是各部門因為各自運用的手段或政策工具不同，而產生惡性的地盤之爭。

3.漸進型政府（incremental government）：雖然各部門的目標互異、各懷鬼胎，但是各部門之間所使用的政策工具或手段可以相互增強，因此可以透過協調與摸索（muddling through）的方式進行利益的整合與交換，只要透過適當的合作可以得到共贏的結果。

4.全觀型政府（holistic government）：部門間透過適當的協調與整合機制，使得部門之間具有清楚與相互增強的目標，以及為了達成目標而相互增強的政策工具與手段，但是全觀型政府的理想並不易做到。

5.連結型政府（joined-up government）：位於中間的連結型政府則是目標與手段都一致並保持平衡，不會因為目標或手段的差異而產生衝突與惡性競爭，但是由於各部門之間有一致的目標與手段，可以進行適度的合作。

這五種政府型態，Perri 6當然希望建構一個充分協調與整合的全觀型政府，無論在目標或手段上均能夠產生彼此增強的效果，但是要達到

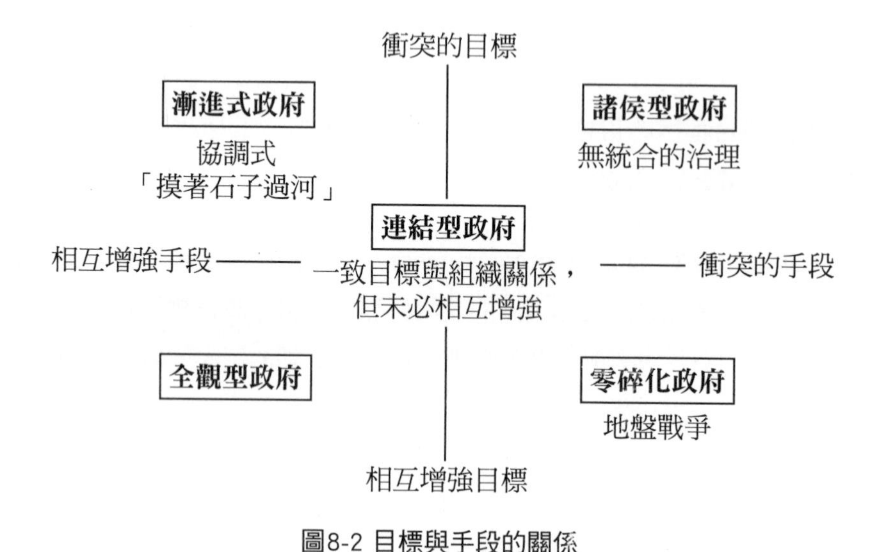

圖8-2 目標與手段的關係

資料來源：6 et al., 2002: 31.

這樣的條件並不容易；此外，為了凸顯全觀型治理的積極協調與整合作用，Perri 6也同時以連結型政府來比較說明。全觀型治理用來解決零碎化政府所產生的問題乃是經由協調與整合二項工作來完成，所謂「協調」（coordination），是指發展有關聯結與整全式工作的觀念、連結式的資訊系統，並建構部門間對話、規劃與決策程序等；連結型政府經由協調各部門的資訊、認知與決策，可以使二個不同領域部門的工作達到一致性，並控制負面外部性的產生；全觀型政府經由協調，使得二個部門充分了解相互涉入（mutual involvement）的必要性，而產生積極合作的動機；「整合」（integration）是有關於協調的執行與實際行動，經由發展共同的組織結構與融合專業實務來達成，連結型政府經由整合將各部門的工作進行連結，但是主要集中於防止負面外部性與計畫之間的衝突；全觀型政府的整合則是高度的全觀型治理，其目的在於建立部門之間充分無縫隙的合作方案（building fully seamless programmes）（6 et al., 2002: 33-34）。

在一個組織中，協調與整合是整體性與連續性的過程，Perri 6將全觀型治理的發展過程分成三個階段：第一個階段的協調是政策的形塑與規劃階段，第二個階段的整合是部門間共同工作與彼此權利義務分配的階段，第三個階段的「逐漸緊密及相互涉入」（increasing closeness and mutual involvement）則是經過協調與整合階段使得全觀型治理發揮效益時，各組織會進行更密切與深入的合作，形成長期合作的考量，朝向同盟與合併的高密度合作形式（**表8-1**）（韓保中，2005）。

綜合上述有關全觀型治理的概念論述，全觀型治理乃是針對官僚組織普遍進行功能性分工而造成零碎化現象與問題，試圖經由協調機制與整合性功能運作，將分立、各自為政的不同部門進行連結，並且進一步逐漸緊密與相互涉入，成為密不可分的工作團隊，在政策規劃、法規制定、服務的提供、及監督與課責機制，都能形成相嵌相含的整體性政府結構。

全觀型政府透過協調與整合兩項途徑，來解決功能性組織分化的問題，這樣的觀點對於組織理論學者來說並不新鮮，他們也曾提出整合性的

表8-1 從協調、整合到緊密結合的全觀型治理發展關係

關係範疇	單位間的關係	定義
協調	・納入考量 ・對話 ・聯合規劃	・考量策略發展對他人及他人對自身的影響 ・資訊交換 ・暫時性聯合規劃或聯合工作
整合	・聯合工作 ・聯合及共同開發 ・衛星化	・暫時性的合作 ・主要計畫上進行長期的共同計畫與工作 ・獨立個體間為共同擁有而創造出整合的機制
逐漸緊密及相互涉入	・策略聯盟 ・同盟 ・合併	・若干議題進行長期的聯合規劃與工作 ・形式上行政統一，但仍維持個別自主性及身分 ・相互融合並創造單一主體及身分的新結構

資料來源：6,2004b；引自韓保中，2005。

組織結構來解決分化的困境，但是多半是針對單一組織，以及提出原則性的建議。而全觀型治理首先從整個政府治理的角度來看問題，並且從治理的運作面提出策略途徑建議，對於政府所面對的治理挑戰而言不失為一個重要的思考方向，同時，也與近年來若干發展的治理趨勢相呼應，例如，「夥伴關係治理」（partnership）、「跨部門治理」（working across boundaries） 等，在概念的應用上在於有關中央與地方關係、區域整合與治理等議題上。國內學者彭錦鵬將全觀型治理與傳統官僚體制、新公共管理進行比較（**表8-2**），無論是在組織的型態、運作模式及服務的焦點上都有很大的不同（彭錦鵬，2003）。至於，是否會形成如彭錦鵬教授所謂的另一種公共行政典範，或許還言之過早，但是至少對當前公共治理的若干問題提出了新的思考方向。

除了Perri 6等人所出版的三本著作外，Wilkinson & Appelbee也在1999年出版《實踐全觀型政府》（Implementing Holistic Government）一書來呼

表8-2 三種公共行政典範比較

	傳統官僚體制	新公共管理	全觀型治理
時期	1980年以前	1980-2000年	2000年以後
運作原則	功能性分工	部分功能整合	整合型運作
組織型態	層級節制	專業管理	網絡式服務
運作依據	官樣文章	作業標準與績效指標	解決人民生活問題
成果檢證	注重輸入	產出控制	注重結果
權力運作	集中權力	單位分權	擴大授權
財務運用	公務預算	競爭	整合型預算
運作型態	公部門型態管理	私部門型態管理	公私合夥／中央地方結合
文官的規範	法律規範	紀律與節約	公務倫理與價值
運作資源	大量運用人力	大量使用資訊科技	線上治理
服務項目	政府提供各種服務	強化中央政府掌舵能力	解決人民生活問題

資料來源：彭錦鵬，2003。

應Perri 6的觀點，並且認為公部門應該全面地思考朝向全觀型政府進行改革：

1.揚棄防守、各自為政的心態與作為。

2.中央與地方關係應重新塑造。

3.重新思考資源配置方式，優先放在預防性與前瞻性的政策上。

4.公共組織與公民間應建立新的信任連帶關係。

肆、電子化政府達成全觀型治理的協調與整合

前一節對於全觀型治理的論述主要從概念架構上做介紹，在Perri 6的論著中也從協調與整合兩個策略途徑化解部門間的分立與差異，接著在《邁向全觀型治理》一書中也用一章的篇幅，試圖利用資訊科技作為促成協調與整合的工具，並且在2004年另外寫了一本名為《電子化治理》

（*E-governance*）的專書，可見他對於利用資訊科技促成全觀型政府與治理的重視。

一、電子化政府與治理

Perri 6在《邁向全觀型治理》一書中將資訊科技應用在政府的活動上，分為三種角色：民主角色，政府透過資訊科技蒐集民眾需求與意見；治理角色，協助政策的決定及政策執行的管理；服務的角色，提供民眾各種資訊的消費（6 et al., 2002: 143）。後來在《電子化治理》一書中則直接指出，所謂電子化政府應涵蓋四項功能，分別是電子化民主、電子化服務、電子化管理、電子化治理[3]，而且這四個功能是相輔相成、彼此關係密切：（6, 2004a: 15-16）

1.電子化民主（e-democracy）：透過資訊網路，政府可以充分掌握人民的需求，並滿足其需求。
2.電子化服務（e-service provision）：透過數位網路與媒體提供各種公共服務。
3.電子化管理（e-management）：透過數位的方法與工具，進行政府內部資源的分配，例如預算的配置。
4.電子化治理（e-governance）：提供政策的形成以及達成政策目標過程的監測。

上列四項電子化政府功能，以後三項與全觀型治理具有最直接的關係，而電子化管理較涉及部門內部的資源分配問題，而非跨部門的關係，因此僅就後二項進行討論。就電子化服務部分，在民主開放的社會環境下政府有提供民眾充分資訊的義務，當民眾透過政府的入口網站想要獲取某

3 Perri 6認為電子化民主不是全觀型治理所要探討的範圍，所以在書中並未有所論述。

些資訊時，政府所提供的資訊內容、格式、語言，必須有最大的相容與共通性，在此前提下就需要在提供資訊服務的前端作業上先做充分的整合，再將整合後的資訊放在公開的平台上供民眾查詢，亦即，政府必須先就相關的軟體與技術做好協調與整合的工作；其次，就提供服務的方式而言，既以服務、顧客為導向，政府在提供各項服務時必須以最親近、容易取得的方式提供快速服務，當政府所執掌的業務愈趨複雜的狀況下，要透過單一窗口（one-stop shop）的整合型服務型態來提供服務，必須先將各種服務的項目與內容連結在單一窗口，並且要將工作流程、表單等進行整合，達到標準化。從電子化服務精神而言，政府的服務乃是從民眾的需求面來促成協調與整合的必要性，要做好服務、提高民眾的滿意與信賴，就必須使各部門捨棄本位主義的心態，消除彼此的差異性、尋求彼此的最大共識（6 et al., 2002: 143-150）。

在電子化治理方面，主要是利用資訊科技提升決策的品質。組織內部的決策過程經常涉及多個部門與決策者，尤其是在規模較大的官僚組織體，訊息的溝通有助於決策共識的形成，最早利用做為政策溝通與整合的工具主要是透過內部網路（intranet），後來資訊科技的進步逐漸發展出更多的電子化治理工具，包括團體決策支援系統、圖形問題結構化工具、會議管理工具等（**表8-3**），對於政策形成的品質與速度都有相當大的幫助（6 et al., 2002: 150-151）。

從**表8-1**協調、整合的策略途徑來看，電子化服務與電子化治理的功能，可以促使其產生積極協調與整合的誘因，例如，組織要提供完整的公共服務，各部門之間必須彼此考量其他單位的差異與類同，也要透過彼此的對話與溝通，建構整合的基礎架構，形成聯合的服務型態；電子化治理的各項工具，試圖增加各部門間接觸與溝通的方式及頻率，經由溝通而達成共識，在共識基礎上獲致良好的政策品質。

為了說明電子化科技對組織治理功能所產生的影響，以下本文擬舉實際的案例加以說明。

表8-3 依功能區分的電子化治理工具類型

功能		
增進了解	·簡單資料庫 ·觀念產生的工具 ·圖形化問題結構工具 ·心智地圖與表達工具	·線上諮詢 ·討論支援工具 ·電子白板
蒐集資料	·搜尋引擎 ·感應，並且紀錄與儲存溝通	·以神經網路為基礎的數位化搜尋、編輯或交易
整理與分析資料	·空白表格與預算系統 ·組織記憶取得與管理工具 ·文件分析工具	·地理資訊系統 ·決策者模擬訓練系統
溝通與交易	·電子信箱 ·電子會議 ·視訊會議系統 ·會議管理工具	·討論支援系統 ·衝突模擬與管理系統 ·電子公文交換
模擬決策與提供可能建議	·空白表格系統 ·專家系統	·神經網絡 ·問題模擬系統
提供整合與儲存的環境	·內部網路	·網際網路

資料來源：6, 2004a:22-23.

二、實例說明

1990年代由於兩岸關係發展迅速，人民來往兩岸日趨密切，我國在成立了行政院大陸委員會後即積極統籌兩岸各項交流的事務，然而，大陸政策與大陸工作的規劃與推動涉及層面龐雜，也相當重視時效性的問題，必須依賴充分與迅速的資訊，以提供決策判斷的依據。

大陸工作有關的業務，除了統籌的陸委會外，還包括內政、外交、國防、法務、教育、經濟、交通等各個行政院所屬的部會機關至少超過30個。各機關本於業務所需，原本在從事各自掌管的大陸事務過程中，就已經建立相關的資料檔案或特定範圍之電腦化工作，以作為資料儲存與快速統計處理之用；但是大陸工作是整體的，有關大陸事務決策的完整資訊應包括軍事與政治情資、兩岸人民往來、 經貿往來等資訊，但是各種資訊卻分別掌握在不同部會機關手中，以各自特定的資訊管理系統進行作業，在資訊的整合與快速獲得的需求上，都難以達到起碼的要求。因此，陸委會在1993年深覺有必要建構一個整合的大陸資訊體系，作為資訊服務提供與大陸政策的支援系統，乃委託學者專家進行「大陸工作資訊體系架構之研究」，透過全面性的調查當時各部會機關所掌有有關大陸資訊的內容、建置方式，以及從整合性的架構提供軟硬體建置的建議。

在經過資料蒐集與整理後發現，有關對大陸資訊有需求者超過三十八個機關，各自已發展建置的資訊系統超過八十餘種、各單位直接或間接投入大陸資訊工作的人力估計約超過五百人以上，由於各單位對於本身的資訊系統抱持著機密與本位主義的態度、缺乏溝通與對話的管道，因此這些數字當中不乏有重複、浪費資源的情況發生。

該研究案經過一年的調查與研究後，提出一個包含「系統管理子系統」、「資料庫子系統」、「應用子系統」的「大陸工作資訊體系」，並分就軟硬體建置、系統管理、網路架構建置與管理等提出許多建議方案；研究報告完成後，並曾召集各相關部會機關就該報告內容的各項建議，希望成立一個大陸資訊體系的推動委員會與工作小組，將原本各機關的資料內容釋出、資訊系統進行整合、透過網路的聯結讓各單位共享資訊，並進一步作為相關決策上的參考，但是各機關代表雖認為此一整合資訊體系的建構確有必要，但是要改變其原本已經建置的資訊系統，卻表示有推動上的困難。

此一議案在各部會本位主義的障礙下一直無法進展，到了1994年左右，全世界興起了全球網際網路（World Wide Web, WWW）的風潮，利用網路公開、共同協定的平台，可以將各機關的資訊整合在一起，因此意外地解決了各單位資訊內容、軟硬體技術差異的困境。當然，各機關透過網路所提供的資訊乃是屬於非機密性質，而機密性資料還是透過各種保護措施不對外公開，然而至少在網際網路的出現與技術漸趨成熟與統一之後，改變了機關分立、保守、本位主義的現象。

伍、結 論

在上述的陸委會個案中可以了解，部會機關之間的功能性分工所造成治理整合上的障礙，但是資訊服務的需求與技術的整合必要性，則能促成機關加強協調與整合的進行。本文因篇幅與時間的限制，僅提出組織結構的問題，並引介全觀型治理的概念架構以為思考方向與基礎，期待有更多學界先進對此依相關議題的回應與激盪。

本研究議題除了與公共行政學科有關之外，組織結構的議題也涉及組織社會學的面向，但因個人知識領域上的限制，未能從此方面做深入的探討，尚有努力的空間。

參考書目

中文部分

朱鎮明（2004），〈地方治理與地方政府現代化：21世紀英國地方層次的變革〉，《行政暨政策學報》，第38期，頁31-60。

呂育誠（2005），〈中央與地方夥伴關係的省思與展望〉，《中國行政》，第75期，頁29-56。

呂育誠（2005），〈地方治理意涵與其制度建立策略之研究——兼論我國縣市推動地方治理的問題與前景〉，《公共行政學報》，第14 期，頁1-38。

李長晏（2004），〈從全局治理論區域政府的設計〉，《全球政治評論》，第8期，頁131-152。

郭進隆 譯（1994），《第五項修練》。台北市：天下文化。

陳志瑋（2005），〈從全局治理角度論中央與地方協力關係之建構〉，施正鋒、楊永年 主編，《行政區域重劃與遷都》。台北市：財團法人國家展望文教基金會，頁75-98。

彭錦鵬（2003），〈全觀型治理——理論與制度化策略〉，發表於民主治理與台灣行政改革學術研討會，6月21日。台北：台灣公共行政暨公共事務系所聯合會。

彭錦鵬，"Strategies to Build Up Holistic Governance."，論文發表於「Network of Asia-Pacific Schools and Institutes of Public Administration and Governance (NAPSIPAG） Annual Conference 2005」國際學術研討會。北京：亞州開發銀行，2005年12月5-7 日。

彭錦鵬，〈「電子化政府」的研究議題與展望〉，論文發表於「電子化政府趨勢下的公務人員職能：公共行政教育及研究內涵探討」。台北：台北大學公共行政暨政策學系舉辦，2004年12月11日。
賀立維（1994），《大陸工作資訊體系架構分析之研究》，行政院大陸委員會委託研究。
韓保中，〈全觀型治理的核心理念及其知識論基礎——破碎化、棘手問題、與協調〉，TASPPA2005。

英文部分

6, Perri(2004), “Joined-Up Government in the Western World in Comparative Perspective: A Preliminary Literature Review and Exploration?” *Journal of Public Administration Research and Theory*, Vol.14, No.1. pp.103-138.

6, Perri(2004), E-governance: Style of Political Judgment in the Information Age Polity. NY: PALGRAVE Macmillan.

Dunn, William N.(1994), *Public Policy Analysis: An Introduction*. New Jersey: Prentice-Hall.

Leach, Steve & Chris Collinge(1998), *Strategic Planning and Management in Local Government*. London: Pitman Publishing.

Wilkinson, David & Elaine Appelbee(1999), *Implementing Holistic Government: Joined-up Action on the Ground*. London: Demos.

POLIS 系列 37

政治與資訊的交鋒

主　　編／姜新立 張錦隆
出 版 者／揚智化事業股份有限公司
發 行 人／葉忠賢
總 編 輯／閻富萍
地　　址／台北縣深坑鄉北深路三段 260 號 8 樓
電　　話／(02)8662-6826
傳　　真／(02)2664-7633
網　　址／http://www.ycrc.com.tw
E-mail ／service@ycrc.com.tw
印　　刷／鼎易印刷事業股份有限公司
ISBN ／978-957-818-923-2
初版一刷／2010 年 5 月
定　　價／新台幣 350 元

國家圖書館出版品預行編目資料

政治與資訊的交鋒 =. A debate between information technology and politics / 姜新立、張錦隆主編. -- 初版. -- 臺北縣深坑鄉 : 揚智文化, 2010.05

面 ; 公分.--（POLIS 系列；37）

ISBN 978-957-818-923-2(平裝)

1.資訊科技 2.政治科學 3.文集

312.07 98013380